FINDING 寻找零 ZERO 的起源

[美] 阿米尔·阿克泽尔/著　周越人/译

上海科学技术文献出版社
Shanghai Scientific and Technological Literature Press

图书在版编目（CIP）数据

寻找零的起源 / （美）阿米尔·阿克泽尔著；周越人译．
—上海：上海科学技术文献出版社，2020（2021.3重印）
书名原文：Finding Zero
ISBN 978-7-5439-8045-7

Ⅰ.①寻… Ⅱ.①阿… ②周… Ⅲ.①数学—普及读物
Ⅳ.① O1-49

中国版本图书馆 CIP 数据核字 (2020) 第 003070 号

Finding Zero

by Amir D. Aczel

Copyright © Amir D. Aczel, 2015

by Shanghai Scientific & Technological Literature Press

Published by arrangement with Writers House, LLC

through Bardon-Chinese Media Agency

博达著作权代理有限公司

All Rights Reserved

版权所有，翻印必究

图字：09-2016-289

选题策划：张　树
责任编辑：王　珺　黄婉清
封面设计：合育文化

寻找零的起源
XUNZHAO LING DE QIYUAN
[美]阿米尔·阿克泽尔　著　周越人　译
出版发行：上海科学技术文献出版社
地　　址：上海市长乐路 746 号
邮政编码：200040
经　　销：全国新华书店
印　　刷：常熟市人民印刷有限公司
开　　本：710×1000　1/16
印　　张：9.5
字　　数：144 000
版　　次：2020 年 4 月第 1 版　2021 年 3 月第 2 次印刷
书　　号：ISBN 978-7-5439-8045-7
定　　价：35.00 元
http://www.sstlp.com

致　谢

　　我由衷地感谢纽约阿尔弗雷德·P.斯隆基金会、基金会公共科学和科技普及项目的负责人多伦·韦伯(Doron Weber)，还有基金会里的各位成员。可以说，如果没有你们对我的信任、没有基金会的慷慨解囊，这本书是不可能写成的，刻有历史上已知最古老的"零"的珍贵碑文 K－127 也没有可能再次出现在公众的视野。

　　在找寻 K－127 的征途中，我还得到了许多贵人的帮助。我要谢谢柬埔寨文化艺术部部长哈布·图其阁下(Hab Touch)给予我的无价的协助，现在这个石碑已经被他称为"高棉之零"。我还要感谢查罗恩·陈(Chamroeun Chhan)、罗塔纳克·杨(Rotanak Yang)、泰·索科恒(Ty Sokheng)、撒澈·昆恩(Sathal Khun)、达若·柯林斯(Darryl Collins)、林隆夫(Takao Hayashi)、C.K.拉朱(C. K. Raju)、弗雷德·林顿(Fred Linton)、雅各布·梅思金(Jacob Meskin)、玛丽娜·威乐(Marina Ville)、W. A.卡塞尔曼(W. A. Casselman)、埃里克·迪欧(Eric Dieu)，尤其是在金边给过我帮助的安迪·布鲁威尔(Andy Brouwer)。

　　我要谢谢我在纽约的出版代理人，阿尔伯特·祖克曼(Albert Zuckerman)对这个项目的热忱和对这本书的支持。谢谢麦克米伦的编辑凯伦·沃尔尼(Karen Wolny)对这本书的信心，还有她对原

1

稿的细心编辑、评论和建议,让人受益匪浅。谢谢劳伦·洛品托(Lauren LoPinto)对于本书的编辑,谢谢卡萝尔·麦吉勒弗雷(Carol McGillivray)精湛的编辑和精准的评论,谢谢项目经理艾伦·布拉德肖(Alan Bradshaw)在出版此书时对于细节的把控,还要感谢出版编辑比尔·沃肖普(Bill Warshop)出彩的编辑能力。

另外,谢谢设计师瑞秋·阿克(Rachel Ake)、艺术指导大卫·博得辛·罗特斯坦(David Baldeosingh Rotstein)以及排字编辑里特拉·里博尔(Letra Libre),是你们把书稿变成了一本完整的书。

最后,我要感谢我的妻子黛布拉。谢谢她所有的意见和帮助,谢谢她在寻找零的大冒险中给我的陪伴,书中的一些照片也是她拍的。

引　言

■
　■
　　■
　　　■

　　　　数字的发明是人类历史上的一项创举。在我们的生活中,几乎所有东西都与数字息息相关,它们不是数码的、数字的,就是可测量的。但是关于我们是如何得到这些数字的故事却一直遮着神秘的面纱。这本书是关于我寻找数字起源的故事,也是我一生的执念。它大概叙述了从古巴比伦的楔形数字到之后希腊罗马字母数字的发展,一直到最关键的问题,即我们现在所使用的印度-阿拉伯数字是从哪里来的? 在我的研究中,我探索了未知的领域,开启了数字起源之旅,探访了印度、泰国、老挝、越南还有终极的柬埔寨丛林——一个 7 世纪碑文的发现点。在漫长的旅途中,我遇到了许多有趣的人,有追求真相的学者、追寻探险的丛林探险者、诚实得让人意外的政客、无耻的走私客,还有让人起疑的"考古小偷"。

第一章

19 世纪 50 年代末期,我是以色列海法市希伯来黎而立私立小学的一年级学生。妮拉小姐是我的老师,她是一名爱笑的年轻漂亮的女性,经常穿着亮色的长款连衣裙。她问六岁的我们想在学校里学到什么——这是一个一年级新生都会被问到的问题。一个孩子回答说:"想学会怎样赚钱。"另一个说:"想知道是什么能让树和动物长大。"轮到我的时候,我说:我想知道数字是从哪里来的。听到我的回答,妮拉小姐有些吃惊。她停顿了一会儿,什么也没有说,就继续问坐在我身边的一个小女孩。其实,我不是那种早熟的孩子,会问让老师不知所措的问题。这个回答其实源自我童年时的一段特别的经历。

我的父亲是"西奥多·赫茨尔"号的船长。"西奥多·赫茨尔"号是一艘曾经以二十一节的速度行驶在地中海的游船。从海法的港口出发,路经神秘的岛屿——科孚岛、伊比沙岛、马耳他岛,通常以美丽的蒙特卡洛岛作为目的地。身为船长的好处之一,就是随时可以带家人上船。我们经常使用这个特权,因此我每年只能上一部分的学,剩下的则靠家庭老师和自学来补上,考试也是等回到学校后再补。

摩纳哥是一个充满魅力的地方,建在岩石上的奢华宫廷俯瞰着地中海。"西奥多·赫茨尔"号一抵达，父亲就立马抛下锚。接着会有一艘快艇接船上的客人和乘务员抵达岸边。到了晚上，大多数人都会去市中心附近海边的蒙特卡洛赌场。这里毫无争议是世界上顶级的赌博娱乐中心。那些有名的游戏室是政商名流、电影明星试试手气、努力赢得幸运女神欢心的地方，但是像我这样的未成年人是无法进入的。所以，当船上的大人们——包括我的父亲母亲——在玩轮盘赌的时候，我只好在宫廷外面，由船上的乘务员陪着。这座巴洛克风格的大理石建筑四周种满了高大的棕榈树、叶子花和红白两色的夹竹桃。在外面等大人的时候，我和妹妹伊拉娜就奔跑在生机勃勃的花园小道上，在充满香气的矮树丛间玩捉迷藏。

伊拉娜和我以为我们可能永远都进不去这座壮观的建筑物。我们时常会幻想里面到底是什么样子的：大家在里面跳舞吗？或许他们在吃着高级大餐，就像我们在船上吃的那样？我们知道大人们好像在里面玩某种游戏，因为他们事后经常会在船上提起。但到底是什么样的游戏呢？我和妹妹小声讨论着，非常想要知道答案。

有一天，轮到我父亲的私人助理带我们在赌场外面玩，他叫洛齐，是一个匈牙利人。洛齐是我最喜欢的乘务员，他不像其他的乘务员，他们都是些无趣的中年人，不太愿意照看我们（当然，这本来也不在他们的义务范围内），尽管彬彬有礼，但总有些冷淡和拘谨。每次轮到洛齐照顾我们的时候，总是会发生有趣的事情，而且时常可以打破陈规。那天，他计划带着五岁的我和三岁的妹妹混入赌博大厅。"这个小男孩现在就要见他的妈妈，有急事。"洛齐小声对着一脸严肃的保安说。不等那个身穿燕尾服的高大保安回答，他就把我们俩领进了赌场。

我非常担心会被赶出去，因为赌场对我们这些小孩来说是禁忌之所。不过让我惊讶的是，什么事情也没有，没人来赶我们。眼前所见的一切让我眼花缭乱。地上讲究地铺着华美的地毯，地毯上摆放的是绿色毛毡覆盖的精美赌桌。每张桌子上有一个红黑相间的数字棋盘，上面有一个特别的绿色圆形数字。赌场里烟雾缭绕，我努力着不让自己咳嗽。

我很高兴看到父母亲坐在一张桌子边，不过我不敢去打扰他们。我小心翼翼地保持安静不动，生怕这个才实现的梦想会随时被叫醒。

我的父亲 E.L.阿克泽尔船长和歌手达丽达在船上（1957 年摄于摩纳哥近海）

在桌子的一头，坐在庄家对面的父亲穿着干净的黑色船长制服，佩戴着许多军章。母亲就坐在他旁边，身着淡蓝色晚礼裙，漂亮极了。他们身旁是一位来自美国南部的参议员，另一边是歌手达丽达——两位都是我们这次旅行的贵宾。其他乘客也围坐在桌子边。所有人都出神地盯着中间的黑色转盘。

只见一个身着黑色短外套、穿着白色有领衬衫、打着黑色领结的男人将一颗白色的小球转进碗里，所有人的目光都集中在这颗白色小球上。洛齐一直在慢慢把我们俩挪到父母亲的背后。我兴奋不已，毕竟这个神奇的游戏是二十一岁以上的大人才能玩的，而我现在身临其中。洛齐一手抱着我，一手抱着我妹妹。在那个有利的高度，我可以清楚地看到桌上发生的一切。

当球在转盘里转的时候，全场安静得诡异。转盘底端用金属片将数字隔开，我可以听见球轻叩那些金属片的声音，也可以听到球撞击到转盘内侧四个在数字上方的杆状金属装饰物后又立马弹回的声音。我感受到大家的紧张和期待。父亲注意到了我们，突然转过头来，给了洛齐一个心照不宣的微笑，然后又转过头去，把注意力放了桌子上。

"看，"洛齐轻声跟我解释，"这些在桌上的数字，转盘里也有。让我们看接下来会发生什么。"我坐在他的一只手臂上，伸长了脖子向前倾，不想错过任何一个细节。小球还在转盘里跳动着,不过速度已经慢了下来,像是马上要停了。可它会停在哪个数字上呢? 洛齐告诉我,每个数字都用金属片隔开,小球最后会停在某一个数字上。我努力猜球最终会停在哪儿。转盘渐渐放慢了速度,我快要看清底下的数字了。

这些彩色的数字让我着迷。它们是华丽的符号,神秘地向我招手。在我长大后,我会了解到这些代表着最基础的抽象概念的数字影响着我们的世界。我永远不会忘记它们在天鹅绒板上的形状。我爱上了数字带来的魔法,在我的脑海中,它们是诱人的、禁忌的,是一种未知的快感,等待着被发现。小球最后一跳,刚刚好停在了数字七上。突然间,赌桌上出现了骚动。在我们对面有位身穿亮黄色晚装的上了年纪的女士从她的座位上跳了起来,叫道:"太棒了!"所有人都转向她。一些玩家,或许是可以间接地分享她的胜利,向她表示祝贺;而另一些,可能是出于输钱而嫉妒或懊恼,表现出很失望的样子。

只见庄家揽过了一大堆不同颜色的牌子,有小而圆的,也有大一些的方形的,正面还有数字。我那时就知道这些塑料牌子相当于钱币。每一种颜色和形状都代表了不同的数值。尽管当时那个年纪的我对钱还没有什么概念,但根据桌上牌子的数量和大小,还有那持续不断的兴奋感,我可以断定那位女士一定是变得有钱了。洛齐跟我解释说,庄家给了她赌注好几倍的筹码,因为她只对一个数字下了注。我看了看那位女士,她的得意和喜悦溢于言表,她高兴地呼喊着:"我赢了! 我赢了!"

此时,洛齐喃喃低语,像是在对自己说:"七,是一个质数。"我很好奇这是什么意思。洛齐总是会说很重要的东西,因此我知道这句话肯定有它的含义。在很久之后,也是在这艘船上,洛齐教会我认识质数,并让我一辈子为它们痴迷。

我让洛齐做我在这艘船上的数学家教。一天,母亲在旁看到洛齐教我数学。她问父亲,洛齐是怎么会懂得这么多数学知识的。父亲告诉她:洛齐在战后曾经是莫斯科大学一名优秀的研究生。但是后来他陷入了丑闻,被指控说他的研究和秘密情报有关,甚至被人怀疑他可能参与了间谍活动。迫于克格勃的压力,学校开除了他。整个事件充满了神秘感。洛齐从来不提起,所以也没有人知道具体细节。

不过,洛齐显然成功报复了苏联。之后发生的事情大家都知道,而且还登上了所有的报纸。洛齐离开学校后,去捷克斯洛伐克学开军事飞机。1948 年,当犹太人新建的以色列被阿拉伯人团团围攻时,洛齐得知他们急需飞机,所以这个非犹太人悄悄潜入了一架他当时训练用的捷克飞机,把飞机一路开到以色列,并将它作为礼物送给了刚建立不久的以色列空军。

尽管除此之外和这片新的土地毫无关联,洛齐开始在以星航运公司上班,后来成了我父亲的乘务员。洛齐和我父亲都是匈牙利人,有着相同的传承、观点和生活方式(顺便一提,这艘船以匈牙利人西奥多·赫茨尔命名)。我父亲和洛齐很要好。洛齐也在他的岗位上尽忠职守,一直紧跟着父亲。洛齐在船上的地位仅次于船长,因此所有人都想跟他做朋友。这是他的新生活。但是洛齐从来没有忘记他对数学的热爱,而他的这种热爱也潜移默化地影响着我。

回到我们去赌场冒险的那个夜晚,最后我们在父亲的示意下离开了,洛齐送我和妹妹回到船上的房间睡觉。我问洛齐:"所以这些数字到底从哪里来的?""这是一个谜,"洛齐答道,"我们也不知道。"我和妹妹显然还沉浸在熬夜去赌场的兴奋中,因此作为睡前故事,洛齐跟我们说了他所知道的关于数字的事。

"你们看到的这些数字,我们称为阿拉伯数字,"洛齐说,"有时候也叫做印度数字,或是印度-阿拉伯数字。尽管如此,我和你们的父亲有一次在阿拉伯港口城市停留的时候,我花了一些时间学习了阿拉伯人真正在用的数字。"接着他打开抽屉,从里面取出船上备着的纸,然后在上面写了大大的十个阿拉伯数字。"你看,这些数字跟我们今天在赌桌上看到的、我们熟悉的数字完全不同。"我惊奇地看着他写的这些数字,都是些我从来没有看到过的符号。只有数字"一"和我们熟悉的"1"有些相像,其他数字的形状对我们来说完全是陌生的。数字"五"是一个不工整的小圆,数字"零"则是一个点。我试着照样把这些数字写下来,不过写得不是很好。

随后,洛齐拿出了一叠他随身带的扑克牌,将牌正面朝上放在桌上。我试着读卡片上的数字,伊拉娜则玩了起来,把那些画得很漂亮的红色或黑色的国王、皇后还有杰克翻来翻去。她发现,不管是正着看还是倒着看,图形都是一样的。我们就这样同这些奇妙的数字和图形玩了半个小时后才睡觉。

第二天晚上，又是洛齐在睡前来为我们讲故事。我和妹妹的房间在我父母亲的卧室旁边，白天我们都待在他们的卧室里。"今天我们再来说说数字吧，"洛齐说，"你们应该记得我说过，尽管我们平时用的数字叫做印度-阿拉伯数字，但是它们和真正的阿拉伯数字是不一样的，而且，它们和印度数字也是不同的。"接着，他就在一张新的纸上写下了印度人所用的印度数字，并解释说在尼泊尔和泰国等一些亚洲国家也使用类似的符号。"这个是几年前我们的船只全球航游时，我停在孟买的时候学的。"他说。

我好奇地看着这些数字，试着把它们写下来，妹妹则试图画出来。他们看了看我写的数字，都哈哈大笑。我们就这样笑着进入梦乡。接下来的一个晚上，我问了洛齐很多关于数字起源的问题。"这些数字到底是从哪里来的？为什么我们不用阿拉伯数字？为什么不同国家的人用不同的数字符号？是谁发明数字的呢？"我满脑子想的都是这些问题，真想马上一探究竟。

洛齐的答案让我有些失望。他只是说："下个月开学的时候，为什么不去问问你的老师呢？"我真不想听到这些。当时已经是八月底了，我知道很快就要和母亲、妹妹一起离开这艘船了。下次再和父亲出海要等到几个月后。这些日子几乎每天都和洛齐一起兴致勃勃地讨论关于船只、港口、航行和数字，回去以后，我会想念他和这些时光的。

在学校的时候，我经常会觉得无聊。我更喜欢在船上的体验式教育，因为这样我可以直观地了解世界是如何运作的，即使只是从一个还在成长的孩子的角度。我喜欢父母亲和船上工作人员教导我关于人生的事。当然我最喜欢的，还是尽职的、无微不至的、耐心教导的洛齐。然而，在学校里学的东西都和现实脱节，成天死记硬背，让人觉得乏味。我只是在那里混日子，掰着手指数还有多少天可以回到父亲的船上。我迫不及待地想要回到洛齐身边。孩童的直觉告诉我，他知道的比他教我的多得多。

自从我在赌场上看到了那些漂亮的数字符号后，对它们的痴迷一发不可收拾。我想知道我们平时使用数字的真正的起源。我期待着洛齐可以告诉我更多关于它们的来源，也期待他可以在我们的旅行中告诉我关于数字的新知识。我开始慢慢地了解到这其中有两个相关联的概念，数字和表达数字的符号。数字

7

是抽象的,符号是具象的。我觉得这其中还有更多需要被挖掘的地方,尽管"数字"这个概念的深度是当时的我还无法完全掌握的。不过,那个时候的我已经足够成熟到想要了解我们现在使用的十个数字符号是怎么来的。

我们的第二次航行有些特别。这次不是一般去海岛开派对或是作为去豪华赌场供人消遣娱乐的邮轮(这是在邮轮赌场成为常态之前)。这次,轮船公司派出了他们最好的船只,让父亲做船长,进行一次有历史教育意义的旅行(这在当时也是一次创举,比之后那些大规模出现的"文化之旅"要早)。我们先是驶向比雷埃夫斯——雅典的港口,由一位专家带着游客们参观雅典卫城,讲解了希腊民主、建筑、雕塑和数学的诞生。

作为船长,父亲一直过着他喜欢的精致生活。在每一个港口,当地的船运负责人不是带他去最贵的餐厅,就是邀请他去当地最有特色的餐厅就餐。比雷埃夫斯的负责人是帕帕伊奥阿尼斯先生。他是一个开朗的、大腹便便的希腊人,老家在帕特莫斯岛。他邀请我们所有人去一家叫做波塞冬的海边餐厅吃饭。好多年之后,每次回忆起当时的情况,我还依旧能够记得在明火下新鲜烤虾的味道,还有那温柔的海风划过我脸颊的感觉。如果我闭上眼睛,还能够看到远处在水里起伏的渔船发出的光亮,还能够听到海浪拍打沙滩的声音。那是一个很美好的夜晚,我真希望可以永远都不结束。这是我第一次认识希腊和她的美。在享用完晚餐后,我们一行人在海边慢悠悠地散步,最后沿着弯曲的小路回到了比雷埃夫斯港,回到了我们的船上。我们的船停在了中心码头,边上还有两艘渡船。

第二天早上,洛齐很早就把我叫醒了。"你妈妈和妹妹今天要去买东西,我正好可以带你去看看古希腊的数字。"他说。"太好了!"我边说边从床上跳起来,开始穿衣服。今天肯定会是很有趣的一天。我去父亲的大船舱找洛齐,他早已经为我准备好了早餐。我津津有味地享用着热巧克力和刚从船上烤箱出炉的香喷喷的可颂面包。

此时,我的母亲和妹妹还在睡觉。父亲从桥上下来,进到船舱里。"你起得很早。"他说。"是的,"我兴奋地回答,"洛齐今天要带我去雅典看古希腊数字!"父亲点了点头。我不是很确定他是否理解或能体会洛齐对我的重要性。我愿意为了和他去看数字而放弃和家人相处的时光。

洛齐来了。我们沿着舷梯走到了码头,坐进了一辆预订好的出租车里。车子在雅典的早高峰中行驶着,向着比雷埃夫斯和雅典中间的山丘爬行,那里的人群密度很高。雅典的污染很严重,就和洛杉矶一样。由于逆温现象,空气中的气体和小颗粒无法散出,我也因为空气不好开始不停地咳嗽。不到半个小时,我们的车就达到了雅典市中心,司机在普拉卡区把我们放了下来。普拉卡区是临近卫城的一个城市广场,那里到处都是商店、精品店和咖啡馆。我们在那里爬上了陡峭的、通往帕特农神庙的阶梯。帕特农神庙是一座建于公元前五世纪、供奉女神雅典娜的神庙。

我们慢慢沿着白石子小道继续往上走。上头的空气清新干净许多,番红花也开了。我可以闻到周围松树所散发的清香。到了最顶端,我们买了门票,进到古卫城的废墟,再沿着石子阶梯慢慢往上爬。我时不时停下来喘口气,也顺道仰望欣赏着神庙的美景。

"是不是非常漂亮?"洛齐问。

"是,"我说,"这个建筑的柱子也很漂亮。"

"这些柱子是用大理石做的,"他说,"你知道为什么你觉得柱子漂亮吗?"我说我不知道。"那是因为比例,"他说,"帕特农神庙使用了古希腊人所称的黄金比例,柱子立面的宽度是高度的 1.618 倍。我们认为的很多漂亮东西都运用了黄金比例,在大自然中也可以找到。"我惊奇极了。洛齐接着解释说黄金比例是从斐波那契数列中得到的。斐波那契数列从第三项开始,每一项都是前两项的总和:1,1,2,3,5,8,13,21,34……如果拿数列中的一个数字除以它的前一项,就可以大概得到 1.618 这个黄金比例了。举个例子,这个数列之后的两项是55 和 89,89 除以 55 得 1.61818。我被黄金比例这个概念深深吸引了。

随后,我们进到帕特农神庙里,看到了许多绝美的雅典娜塑像,塑像脸上还有古时候留下的些许金红油漆。洛齐弯下了腰,指了指其中一座雕塑的底座。底座的大理石上刻着数字,是一个我不识的希腊字母。"你看,"他说,"这就是我想让你看的。希腊字母不仅仅用来拼写单词,它们也能表示数字。"他手指的那个数字,是希腊字母 Δ,代表着数字四。他解释道:"说明这个雕塑是这里一组雕塑中的第四个。"

我们在那里待了一个多小时,欣赏着古希腊文明留下的这座名胜古迹。离开神庙后,我们慢慢往下走。中途休息的时候,我们坐在了一块平整的大理石上,这块大理石曾经也是这个圆柱建筑的一部分。在那里,我们可以看到整个神庙。天气很热,洛齐带了矿泉水给我俩解渴。休息片刻后,他拿出了笔记本,在上面写下希腊字母和它们所对应的数字,并告诉我古希腊人是如何在没有零的情况下用这些字母来做算术的。以下是他写的:

A	B	Γ	Δ	E	F	Z	H	Θ	I	K	Λ	M	N
1	2	3	4	5	6	7	8	9	10	20	30	40	50

Ξ	O	Π	ϟ	P	Σ	T	Y	Φ	X	Ψ	Ω	ϡ
60	70	80	90	100	200	300	400	500	600	700	800	900

公元前五世纪——古典时代的鼎盛期使用的希腊字母包括了那些上古就已经废弃的字母,其中就有F(digamma)代表数字六,ϟ(koppa)代表数字90以及ϡ(sampi)代表数字900。古典时代的希腊人重新起用了那些被废弃的字母,就是为了在运算中有足够的符号可以使用。

洛齐继续解释说,用字母代表数字这个传统最早来自腓尼基,希伯来语字母也遵循了这样的方式。一些正统犹太人佩戴的手表上至今还有用希伯来语字母表示的一至十二。

之后我们去了世界上最大考古博物馆之一的雅典博物馆。在那些美丽的神像间,我注意到很多石头上刻写着代表数字的字母。

在我们回去的路上,洛齐叫司机在一条比雷埃夫斯的小巷子里停一下。我留在了车上,他去了一间看上去像是卖折价电器的商店。回来的时候,他手上拿着一个小包裹。"这是一个小号晶体管收音机。"他告诉我。那些是 20 世纪 60 年代早期最时尚的玩意,当时很多人都为此疯狂。人们在路上边走边听收音机,就像现在人们在路上玩手机一样平常。"就是一个送人的礼物。"他说。当时我也没有多想。

那天晚上,我们的船离开了比雷埃夫斯,前往那不勒斯。白天的时候,船上的乘客访问了附近的庞贝古城。接着,船在奇维塔韦基亚港靠站。奇维塔韦基亚是现代罗马的港口(古时候的港口是奥斯蒂亚)。乘客们在城市转了一圈,深入了解了罗马帝国及其历史。对于我这样一个对数字历史感兴趣的小男孩来说,这是一趟难忘的旅程。

在庞贝,我和洛齐在这座古城中的门牌号上寻找着罗马数字的痕迹。公元79年,维苏威火山的爆发,将这座城市覆盖在火山灰下将近两个世纪的时间。也因此,这座城市的废墟被保留得非常完整。在当地的博物馆里,我们看到了更多用字母表示的数字。我们饶有兴趣地理解并试着用这些数字做基本的算术。

罗马对于我这个刚刚开始对数字感兴趣的新手来说就是天堂。城市里到处都是罗马数字,最有趣的就是罗马人放在他们笔直马路上的里程碑,我在博物馆和最有名的罗马马路——古亚辟大道上都有看到。我慢慢地开始能够在这些古老的标识上读出路与路之间的距离。

洛齐跟我解释了罗马人是如何创造他们的数字系统的。他把所有的罗马数字都写给我看:I 是 1,V 是 5,X 是 10,L 是 50,C 是 100,D 是 500,M 则是 1 000。洛齐说这种方法会让数字越写越多。他向我演示了罗马人如何计算 XVIII 乘以 LXXXII,并最终得出答案 MCDLXXVI。对现代人来说,这个算式是 18×82＝1 476。我们可以快速准确地得到答案。洛齐让我挑战一下用希腊罗马式数字系统来写乘法表。这个表很大很复杂,最后我花了一个星期才完成。让人费解的是,洛齐说道,这种低效的数字系统在西方一直被广泛沿用至 13 世纪,直到被我们现在使用的数字所替代。[①]

我从洛齐这个数学爱好者那里学到的知识要远远超过我在学校里所学的。对此,我一直很感激他。但让我困扰的是,自己对于现代数字的起源依旧一知半解。与此同时,通过学校里的学习和搭父亲的船在地中海探索数字的航行经验,我开始理解更抽象、更神秘的数字概念。譬如,数字三代表着"三重性",世间有"三"这个特性的事物都能够用这个数字来代表。同样的,数字五也有着"五重性"的意思,代表着所有有"五"这个特性的事物。这个惊奇的发现让我对寻找数

---

① 对于拉丁数字的分析、关于其源于伊特鲁里亚符号的新理论,可参见:Paul Keyser, "The Origin of the Latin Numerals from 1 to 1 000," *American Journal of Archaeology* 92 (October 1988): 529 - 546.

字的起源愈发好奇。我发现数字可以代表更深刻、更吸引人的概念，这是小时候的我无法想象的。我愿意用毕生的时间环游世界，去探索数字的起源。是谁发明了这十个奇妙的数字？我不停地问自己。又是谁通过简单的排列使得这些数字可以表达像是"三重性""七重性""三百零五重性"这样了不起的概念呢？

第二章

1972 年,在我高中毕业并完成义务兵役后,我被加州大学伯克利分校数学系本科录取。这又给了我一次和父亲航海的机会。那时,以星航运公司旗下的客轮部门——以星邮轮——因为管理不善,大规模亏损,只好卖掉了他们手下的所有客轮。我父亲现在负责的是一艘又慢又老的货船,叫 M.V.亚佛(M.V. Yaffo),来往于地中海和美洲大陆之间。我搭着父亲的船顺道去伯克利,七月底从海法出发。

货轮和邮轮的差别就相当于卡车和豪华轿车的差别。像卡车一样,货船里比较脏乱,但因为不需要把旅客们都挤在有限的几个船舱里,所以地方比较大,船员们也就有比较舒适的空间。当然这其中的缺点就是在船上无所事事。没有鸡尾酒派对,没有舞厅,也没有喧闹的社交场合。货船上的旅行是有些寂寞的,但让人庆幸的是洛齐也在船上,他那时还是我父亲的大副。距离他第一次向我介绍那些有魔力的数字已经有十五年了,我依旧非常喜欢他,我们也经常一起在船上聊数学的话题。

成年后,我意识到了儿时困扰我的谜团事实上是两个问题。第一个问题是最初的数字是从哪里来的,即数字一到九是何时何地何人发明的?第二个问题是数字零是从哪里来的,它是如何演化并成为影响世界的数字的？我意识到真正难解答的是第二个问题。此外，人类是如何得到数字这个概念的？这个概念的起源是什么，又是如何随着人类历史的发展和演变，最终成就了由数字主宰的现代社会？

货船继续在大洋里缓慢航行。我和洛齐会花好几个小时的时间讨论以上几个问题。这些讨论的深度比起我小时候要复杂深刻得多。洛齐曾经是俄罗斯顶尖大学的纯数学博士生，而数学也一直是俄罗斯大学所重视的学科之一。这就不必意外他可以在这些讨论中充分发挥他的知识和才能。我喜欢和洛齐坐在甲板的椅子上，讨论那些我长大后才慢慢开始理解并感兴趣的数学概念，当然这些概念也是基于他在我小时候教过我的那些，譬如，表达数字的符号、数字、质数和那神秘的斐波那契数列。

船终于跨越了大西洋，在新斯科舍省的哈利法克斯港口停了几天，接着会经过纽约市、南卡罗来那州的查尔斯顿，在前往加勒比海和南美洲前停靠迈阿密。我在那里下了船，准备搭飞机去旧金山的学校报到。临走前，洛齐跟我说："记得你小时候我们一起探讨过数字符号是从哪里来的吗？你或许可以找到答案。我有一次在一本科学考古杂志里读到，一位法国考古学家几十年前在亚洲发现了关于数字零的重要信息，但我记不得具体细节了。"

洛齐临别前的话激起了我浓厚的兴趣，但我一直没有机会继续一探究竟。在伯克利，我的数学课被安排得满满当当的，这些课程虽然有挑战性但都很有趣。除此之外，我还要一边担心我的成绩和考试，一边学习成为一名数学家。

通过我所修的课程——大部分是数学课，也有一些人类学、社会学和哲学课，我学到了不少关于数字和它们发展演化的知识。

数字作为概念出现的时间比我们想象的要早得多。1960年，比利时探险家海因策林（Jean de Heinzelin de Braucourt）在伊尚戈一带勘测，也就是现在的乌干达刚果边境附近（当时是比属刚果区）。他发现了一块有些奇怪的骨头：这是一块狒狒的腓骨，上面刻着像是清点统计的符号。后来的研究分析表明这些符号可能是人类最早的计数证明。这块骨头上有三组一模一样的刻痕。相加总和分别是六十、四十八、六十。每一组刻痕又由五道、七道、九道、十一道、十三道不等的一串串符号组成。这块骨头可以追溯到两万年前的旧石器时代,当时人们主要以采集、狩猎为生。伊尚戈骨证明了早在两万多年前的非洲,人类就已经开始了某种计数的形式。它是迄今发现的最古老的证据,如今陈列于布鲁塞尔的比利时皇家自然科学研究所。

伊尚戈骨:这是一块狒狒的腓骨,距今已有两万多年,上面的刻痕被认为是人类最早的计数证明

那么伊尚戈骨的发现说明了什么呢?它代表了在史前时期,生活在非洲灌木丛中的早期人类,已经会在死去动物的骨头上用刻痕来记录他们狩猎动物的数量。这种以一对一的记录还不能完全算是真正的计数,但已经非常接近了。骨头上刻痕越多代表其主人狩猎的数量越多。即使不知道具体数值,任何人也可以一目了然。尽管所有的这一切都是假设,但可能非常接近事实。

伊尚戈骨无疑是古人类尝试计数的最好证明。但我们在欧洲也发现了其他动物骨头上刻着类似清点的符号。这些骨头可以追溯到旧石器时代,证明欧洲的人类在相近的时间点也开始尝试计数。[1]

另一个稍晚一些的计数证据来自神秘的新石器时代石阵,距今大约六千年,是位于法国布列塔尼卡纳克村的卡纳克巨石林。有趣的是,这些石列包含的巨石数量都是质数:7,11,13 和 17。这究竟是巧合,还是某种计数方法? 又或是代表着古人类对数字更深刻的理解? 对此,我们没有答案。尽管考古学家已经努力研究了几十年,却至今也无法解开卡纳克之谜。没有人知道为什么有那么多沉重的大石头被排列成行,或许它与英格兰的巨石阵也有关联。英格兰的巨石阵也在同一时期被排列成环状。

但是伊尚戈骨和卡纳克巨石林与我们现在所认知的数字还是有所不同。在日常生活中,人们最初是用手指来代表一些小的数目。亚里士多德曾经说过:"不知道是不是因为人们有十个手指头,像小圆石一样,可以用来

---

① 包括伊尚戈骨在内,大量带有刻痕的古代骨头的素描图,可参见:Georges Ifrah, *The Universal History of Numbers* (New York:Wiley, 2000).

数身边所有的东西?"①还得再加上我们的十个脚趾头,早期的人类社会用这个来数十以上的数字。在法语中,我们还可以看到过去二十进制的残留。数字八十,字面上的意思就是四个二十(quatre-vingt)。

可以清楚地看到,最早人类数数是从自然的巧合开始的:我们每只手有五个手指,每只脚有五个脚趾。在一些语言中,譬如古高棉语,五用来作为其他数字的一个基点:"四之后"是五,接着是"五和一""五和二",这样下去一直到十。然后再用十作为下一个基点。早期的欧洲数字,譬如罗马数字,也有这样的规律。罗马数字中的 V(五)、VI(六)、VII(七)、VIII(八)都是以 V(五)作为基点的。从八以后我们才看到了跟十的关联:IX(九)、X(十)、XI(十一)、XII(十二)、XIII(十三)。可见,五和十都作为关键数字在世界不同地区出现。

在古印度,十是那个关键数字。人们很早就已经开始使用小数点,最早可以追溯到公元前 6 世纪的碑文中。与此同时,古印度人还学会了以十作为底数的指数运算,并且知道这个运算是可以无穷尽地进行下去的:十个人竖起他们的十根手指,每根手指算一个,这样数十次,就是十的三次方,再乘以十就是十的四次方,这样以此类推。

中国的《九章算术》诞生于汉朝。书中运用了正负数两种数字,正数用红色表示,负数用黑色表示。在 3 世纪的埃及,一位顶尖的希腊数学家丢番图在他的公式中得到了负数,但他立马认为这是不可能的。由此可见,负数这个概念很早就出现了,但当时的人们没能真正理解它的含义。如今我们在会计中使用的复式记账法是 13 世纪在欧洲发展形成的,它出现的一部分原因就是为了避免使用负数。想要定义负数,我们就必须先有零的概念。

负数从某种意义上来说,是正数的一个镜像。如果你画一条数轴,从零开始往右是 1、2、3 等等,从零开始往左则是 −1、−2、−3 等等。数字 −1 就是数字 1 以零为镜面的镜像。零在数学及其应用领域起到了很大的作用。不仅如此,在物理、生物、工程和经济等领域中,零也扮演了重要角色,出现在了一些决定性

---

① Thomas Heath, *A History of Greek Mathematics*, Vol. I (New York: Dover, 1981), 7.

的公式里（物理中的麦克斯韦方程组就是一个很好的例子）。

古巴比伦人曾经发明了一套使用起来很麻烦的六十进制数字系统，该系统里没有真正的零，因此使用起来经常会有歧义，人们只能通过情境来判断。拿我们现代的例子来说明吧：有人跟你说，一样东西价值"六九五"，如果你是买一本杂志，你就会知道是六块九毛五；如果你是买一张飞机票，你就会推断是六百九十五块。在这套复杂的系统中，古巴比伦人经常要作这样的判断。有趣的是，我们至今还可以看到这套系统所留下的痕迹。譬如，我们一分钟为六十秒，一小时里为六十分钟，转一圈是 $360°$（即 $6×60°$）。但是古巴比伦人的数字系统就像早期用手指和脚趾数数一样，没有办法适应现今社会的需求。

另外一个有趣的问题出现了：为什么用六十作为基数呢？我们有十个手指，所以用十作为基数很合理；如果你坚持要把脚趾也算上，那么二十作为基数也算方便。为什么用六十呢？1927 年，著名的美籍奥地利科学史专家奥托·诺伊格鲍尔提出，古巴比伦人之所以会选择较大的六十作为基数，是为了能够解决日常生活中产生的问题。我们经常会用到 $\frac{1}{2}$、$\frac{1}{3}$、$\frac{3}{4}$、$\frac{2}{3}$ 这样的分数：譬如我们想要买半条面包、三分之一块起司或三分之二块牧羊人派。如果我们用较为自然的十作为基数，那么要如何精准地算出 $\frac{1}{2}$、$\frac{1}{3}$、$\frac{3}{4}$、$\frac{2}{3}$ 这些我们常用的分数呢。诺伊格鲍尔认为，六十是一个很好的选择，因为它可以被 2、3、4 和 10 整除，也因此，整套系统成了六十进制。另一种假设是认为古巴比伦人当时知道有五个行星的存在（水星、金星、火星、木星和土星），他们出于天文原因选择了六十作为基数。因为一年中有十二个月，而六十是五和十二的乘积。[①]

希腊罗马式的数字系统在我参观希腊和罗马时就有所了解。这套系统一样没有零，只是重复使用一些符号来代表不同的含义。希腊罗马的数字系统就像古巴比伦和古埃及的一样注定淡出历史舞台，最终只能优雅地留在那些纪念日和钟面上。

[①]　对古巴比伦六十进制的当代描述，包括后期其他学者的争论，可参见：Georges Ifrah, *The Universal History of Numbers*, 91.

接着,在 13 世纪的欧洲,一个包含九个数字和零的系统出现了。这个创新的数字体系非常受欢迎,在短短十年间就被社会各个精英领域所广泛运用。商人、银行家、工程师和数学家都认为这个新的数字系统改善了他们的生活,因为他们可以用它来更快地做运算,错误也更少。

有人认为是比萨的列昂纳多(1170—1250),也就是斐波那契(就是斐波那契数列的发现者)将印度-阿拉伯数字带到了欧洲。他的著作《算盘全书》于1202 年出版,他在书中引入了印度-阿拉伯数字。很快,这本书就传遍了整个欧洲。这本书介绍了九个印度数字(即数字一至九)以及符号零。斐波那契称符号零为 zephirum,这个拉丁单词的词根可以追溯到阿拉伯语的 sifr。阿拉伯的零和欧洲的零在词源上有着联系。此外,他还非常明确地称一至九这九个数字为印度数字。因此仅仅在这一本书中,我们就有数字的印度起源论和阿拉伯起源论。

这套在中世纪进入欧洲的数字系统比当时一直在使用的罗马数字系统要先进得多。它带来了很多数字表达的可能性。譬如,数字四,单个使用时代表四;其后加一个零代表四十;两个四之间加一个零时,代表四百零四;其后加三个零,则代表四千。这套印度-阿拉伯数字系统的性能是无法比拟的,它让我们能够很高效简洁地使用数字,做之前无法轻松完成的复杂运算。

这套基于九个数字和一个零的系统让人惊奇,但它的来源依旧是个谜。或许像斐波那契所说的,九个数字来源于印度,但在学术界没有能够拿出让人信服的证据。还有零,它到底来自阿拉伯还是印度? 还是别的什么地方? 我依旧不知道答案。

第三章

■
■
■■
▨

　后来，我成了数学家和统计学家。有几年的时间，我在位于朱诺的阿拉斯加大学任教。1984 年，我和黛布拉结婚了。我们的婚礼地点就在门登霍尔冰川脚下，四周环绕着道格拉斯杉树，偶尔有树林里的棕熊，沿着门登霍尔湖寻觅三文鱼。我和黛布拉几个月前在学校认识，我向她从统计学的角度解释了阿拉斯加大学是如何很好地吸引并留住阿拉斯加本地人和其他来自四十八个州的同学，然后我们就相爱了。

　冰川婚礼的几年后，我们搬去了波士顿。我开始在本特利大学教书，黛布拉在麻省理工学院有一个自己的项目，我们的女儿米丽亚姆出生了。我还出版了几本关于数学史和科学史的畅销书。

　2008 年，我接到了来自我朋友安德烈·罗摩尔（Andres Roemer）的电话。安德烈是墨西哥人，曾在哈佛大学修习政策学，并在伯克利大学获得了博士学位。他是墨西哥有名的电视节目主持人，他主持的电视节目在全世界的西班牙语区播放。安德烈邀请我去他主持的国际会议上演讲概率论。在会议结束后，我和黛布拉去参观了墨西哥城的墨西哥国立人类学博物馆。这次博物馆之行无意中再次激起了我年少时对于数字起源的兴趣。

　在博物馆正厅面向访客的墙上陈列着阿兹特克历法石。它是

在墨西哥国立人类学博物馆展出的神秘的阿兹特克历法石

一个直径为十二英尺(约 366 厘米)的圆形石,重达二十四吨。这件手工艺品陈列在墙上,中间的脸被人们认为是代表阿兹特克太阳神的托纳蒂赫。脸四周的符号和设计从来没有被破译过。这块石头可能曾经被用作日历,中心刻着的八个相对称的箭头也有可能代表着八个基本方向。这个有趣的考古发现让我想起了几十年前和洛齐去雅典时的见闻。

在雅典卫城脚下的普拉卡区外围,有一座公元前 2 世纪的希腊古塔。其塔身为八角形,代表着古时候航海家认知的八个风向——风可能从八个指南针上的方向吹来:北、东北、东、东南、南、西南、西和西北。这两者之间是否有着什么关联?我在想阿兹特克历法石上的箭头是不是就像希腊风之塔那样代表着八个方向?

这件阿兹特克手工艺品上刻着的复杂符号和完美的几何设计让我和黛布拉惊羡不已。我们思考着它代表的意义和真正的用途,这块几百年前被有数学天分的人们雕刻的神秘石块深深吸引着我们。就这样,我们轻声细语地站在一旁讨论了快半个小时。周围的标识解释说,这块石头有可能是在 15 世纪雕刻而成,并在墨西哥城市中心被发现。

几年之后,我惊讶地从一个考古学家朋友那里得知,很多科研是直接在博物馆里进行的,而不是像大家想象的那样在野外进行。博物馆会展出已经清理干净的展品,他们会将这些展品按照展品的相似之处一起展出,可能是按照展品的时期、类型或被发掘的地点。这样做不仅方便了专家们的研究,也让大众可以更好地观赏展品。最近,世界各地的大型博物馆为了使展出更加丰富多样,会提供一些和展品相关的视频,更好地满足公共教育等需求。

我和黛布拉从阿兹特克历法石那里上楼,意外地发现了一个在循环播放的关于中美洲数学的视频。我惊奇地发现早在两千年前,玛雅人就开始用字符来代表数字,包括零,并发明了复杂的历法。玛雅数字的起源可以追溯到公元前37 年,这些数字写起来很容易。一至四用点表示,五是一横,十是两横叠加,零则是用新月形的符号来表示。

事实上,玛雅人发明了四种历法。其中一种是长纪历,它的起始日是玛雅神话中的宇宙创造日,对应我们所使用的日历,这天就是公元前 3114 年的 8 月11 日。该历法中计算日期的方法是一种十八进制和二十进制的混合系统。历法中的其中一个数位是十八进制,也就是在数到十八后进位为零,其他的数位为二十进制。让人惊讶的是,居住在中美洲北部的尤卡坦半岛的古代玛雅人,显然早在公元前 1 世纪就已经掌握了零的概念。

玛雅人还有一个短纪历,是一个 260 天长(20×13)的循环重复的历法,该历法对他们来说是神圣的。在每个周期结束后,他们会设置石碑作为纪念。玛雅人的第三个历法有 360 天,与我们常用的公历的 365.24 天非常接近。为了要建立这个历法,一般用二十进制计数的玛雅人调整使用了十八进制,因为 20×18＝360。如果他们只用二十进制,那么他们的一年就必须有 400 天这么长(20×20)。[①]

第四种玛雅人使用的历法是以金星的活动周期为准则的历法。玛雅人是很敏锐的观星家,他们早就发现金星每 584 天会与太阳一起升起一次(我们称之为"偕日升"),因此这套历法每 584 天循环一次。玛雅历法和包含零的二十进制的

---

① 对玛雅文明中数字、历法和零的符号有较好说明的有:Charles C. Mann, *1491:New Revelations of the Americas Before Columbus* (New York:Knopf, 2005), 22 - 23,242 - 247.

玛雅数字系统是科学史上让人惊叹的几个重大发现。2012年,玛雅的其中一个历法重新归零。这引起了世界范围内一些人的惊慌,认为这是世界末日的征兆。当然,最后什么也没发生。我们的地球照旧绕着太阳转。其实,这样的惊慌是没有依据的,它就和十几年前对千禧年的担忧一样。

但是玛雅人的数字系统不仅与世隔绝,它所用的图像符号用作计数还很不方便。他们的这些符号随着数字变大而越写越多,和罗马数字系统差不多。零也不像我们平时使用的那样充当占位符。另外,根据不同的需求,这套数字系统有时是二十进制,有时是十八进制。乔治·伊弗拉将玛雅数字系统视为一个完全失败的系统,认为这套系统没能经受住时间的考验。[1] 但是,认识这套系统重新激起了我对于十进制数字起源的热忱,我想要更多地了解来自东方的零和这十个掌控着我们现代世界强大系统中的基础数字。

---

① Georges Ifrah, *The Universal History of Numbers* (New York: Wiley, 2000), 360.

第四章

■
　■
　　■
　　　■

在之后的一年，我因为想要更多地了解玛雅数字，又充满活力地投入到解答困惑了我整个人生的谜团的旅途。那就是，我们熟悉的九个数字，还有很重要的零是从哪里来的？

我从我大学的课程以及课外阅读和研究中了解到人们认为我们现今使用的九个数字是从印度起源的。我也知道过去印度人学习使用过一个占位零，但没有任何确切的事实和细节证明数字和零的起源。这些都是真的吗？所有的书和文章都给我指了同一方向：东方。我在船上和洛齐相处的经历一直影响着我，让我有自己找寻答案的深切渴望，我要自己去发现证据，见证历史。

因此，我开始准备去一趟印度，希望能够在那里找到答案。我花了很多时间去了解印度教、佛教和耆那教。我还阅读了很多关于东方和亚洲文化的书籍，包括民俗、哲学和数学。我认为，东方宗教是了解亚洲社会的关键，或许可以在这些宗教传统中找寻到数字起源的蛛丝马迹。

以下是我对这些充满魅力的宗教的了解，当时它们对我来说还是很陌生的概念。印度教中有三位主神：梵天、毗湿奴和湿婆。每一位神都有相应的女体称之为"他的夏克提"（his Shakti），也就是他们的妻子。湿婆的夏克提叫杜尔迦，她也叫做乌玛或帕尔瓦蒂。

拉克什米是毗湿奴的夏克提。她从光芒四射的乳海中出现,坐在漂浮的莲花上,两手手持萌芽的莲花,是财富的象征。

梵天是创造之神,他的诞生和毗湿奴有关。当时,毗湿奴躺在海蛇阿难陀龙上——阿难陀龙代表着无穷——毗湿奴陷入了永恒的沉睡。拉克什米想要叫醒他,便给他的腿按摩。毗湿奴醒来,梵天就从毗湿奴肚脐上的莲花中诞生了。在这些神的诞生之初,我们可以看到一些重要的关于无穷的数学概念的雏形:有阿难陀龙代表的无穷和随着毗湿奴的苏醒而被打破的永恒。

毗湿奴(也被称为那罗延天)和湿婆是最重要的两位神。毗湿奴有四条手臂(有时有八条)。他的四条手臂代表着宇宙的四个元素:地、风、火和水。这些与古希腊人的宇宙元素惊人地相似,他们也有地、风、火和水,但还包括了第五元素,英语单词"典型的"(quintessential)也来源于此。

湿婆的额头上长着第三只竖着的眼睛。而梵天有四张脸,每一张脸代表着四个方向,即东、南、西、北。大多数生命和自然的象征都可以在这些神身上找到。三神一体就成了三相神,这让人联想到基督教中的三位一体。在雕像中,毗湿奴和湿婆有时候会融合为一体,不仅有四条手臂,还有第三只眼,这种合体的神叫做诃利·诃罗(毗湿奴是诃利,湿婆是诃罗)。无论是两神一体,还是包括梵天的三神一体都整体被视为一个至高无上的存在。"零"和"无穷大"这两个基本的数学概念在西方人的本性中是不存在的。我知道零在欧洲数学中出现得很晚,我也知道无穷的概念一直到伽利略的年代才开始出现。在去印度旅行前夕所做的准备工作慢慢使我相信一定是某些东方哲学里的东西——包括佛教、耆那教、印度教或是有些想法正是从这三个宗教中结合而来——使得东方人更容易将数字系统的两端添上零和无穷。这是西方逻辑在当时还没有办法做到的事。这些概念可能需要东方式的思维才能完成。

我们知道在印度数字出现在欧洲前,欧洲的数字系统中是没有零的。数字可以加减乘除,但是没有人想到零。举个例子,如果五减五,那么就什么也没有了,而不是得到我们现在所谓的零。计算在那个点就停了。同样的,欧洲人也没有想过非常大的数字和无穷大,而我非常确定印度的耆那教教徒已经想过这些。在欧洲,唯一的例外是在宗教经典中提到过上帝的无穷尽的品质,即使如此,这些概念也非常模糊。

我相信只有用独一无二的东方思维方式和逻辑才能创造出零和无穷的概念。我那时还不知道,我的预感会比我想象的要更贴近事实。我迫切地想要去亚洲旅行,希望在那里可以亲眼看到那些古老的数字雏形被记录在古籍中,或是刻在岩石上。一想到可以找到数字起源真正的考古证据,我就兴奋不已。印度是我第一个要去的地方。

2011年1月10日寒冬,我于凌晨两点抵达大雾中的德里。我算是得到教训了,印度南方是海岛天气,但是北方的德里可以非常寒冷。我又冷又湿地走进航厦大楼,瑟瑟发抖,累极了,又因为长途飞行有些迷失方向。我带了一个小的行李箱,一些关于印度数学的书,还有记在笔记本上的一个名字。这个人或许可以带我解开谜团。

两年前,我在悉尼开科学史国际会议的时候,遇到了拉朱教授,他可能是我在学术界遇到过的最奇特的人了吧。他在会议上发表的演说引起了听众的惊讶、怀疑甚至是讥讽。他声称数学是在印度诞生的。西方所认为的属于古希腊数学家的成就,在印度早就被达成了。他没有提供太多确切的历史证据,但他的热情、强有力的说服力和惊人的个人魅力弥补了这一点不足。

他的演讲和他的个性让我相信,或许,仅仅是或许,这个人没有在胡说八道。尽管对于当时的我们来说,他的这些话的确像是胡扯。我知道,有很多关于印度历史的文献是不被西方社会所熟知的(古代的印度文稿中用过百万以上的数字)。一些拉朱认为是属于印度的数学研发结果真的有可能是从印度半岛起源,之后再被传到希腊和其他地方。

我们知道毕达哥拉斯去过埃及和腓尼基,他的确也有可能在公元前5世纪的时候到达过印度。我和拉朱聊过天,之后也一直保持着联系。现在我人好不容易到了亚洲,就和他约好了在新德里市中心欧贝罗伊酒店的豪华大堂碰头。

在东方的一切好像都被异乎寻常的逻辑所主导。我和他本来是约了两点在大堂见面的。我坐在那里等了两个小时,喝了一杯又一杯的阿萨姆茶,一直到三点五十分,我正准备回去的时候,拉朱出现了。他没有为他的迟到道歉,我想这对他来说可能很正常,两点和四点都差不多嘛。我们聊了一会儿在悉尼会议上共同认识的朋友,接着他就开始一个人滔滔不绝地说起了科学和数学,并称在过去三百年中的很多发现——无论是欧几里得的几何定理还是爱因斯坦的相对论——都起源于印度。提到我的项目的时候,他说:"纠正西方在科学史上的偏见是你一定要做的。"接着,他打开一本书,给我看了其中的一节,我因为奇特的东方逻辑而觉得惊讶。

> 一切实非实,
>
> 亦实亦非实,
>
> 非实非非实,
>
> 是名诸佛法。①

　　读完这一节,我惊呼:"天啊,这个逻辑也太奇怪了!"拉朱笑了,并且解释说这个章节来自公元 2 世纪赫赫有名的佛学家和导师龙树。他看了看我,说:"多在东方待一阵子,你就会懂的。"

　　我一直盯着龙树的话并思考着。"一切实非实,亦实亦非实,非实非非实"——这当中到底有几组选项? 完全让人摸不着头脑。龙树的这些话是对于现实的一种不同寻常的思考方式。拉朱很快解释说:"理解的关键是'虚无'。"他咧开嘴笑着。看着我好像没听懂,他又解释说:"虚无就是零的意思。但它同时也和'空'这个佛教哲学理念有关。佛教中的'空'是冥想的目标也是引导觉悟的一个理念。它和数字零一样,是一体。'空'是一个很复杂的哲学概念,我们的零就是从中而来。"

　　拉朱拿起了他那个破旧的皮包,里面满满地装着论文。他和我握了好几次手,说:"你最后一定会明白的。"他再次朝我笑,露出了他的大牙齿,接着就离开了。他急着走是因为他要出发去马来西亚,那里有一所大学聘请他为客座教授。显然马来西亚人也对他的研究有兴趣,想要让亚洲在科学界被更多地认可,也愿意为此花钱。在德国的很多国际会议上,拉朱也经常展示他在马来西亚的研究

---

① 龙树:《中论·观法品第十八》。

拉朱教授(摄于喜马拉雅山脚下的西姆拉)

成果。

德国人也参与了亚洲科学历史的项目,拉朱一直在这个领域发表大量的文章,对德国人来说他就是一座金矿。我很高兴地了解到了虚无和零,这两个从佛教的"空"中延伸而来的概念。我隐隐约约地觉得这种不一样的逻辑——真、假,都真、都假,都不是真的、都不是假的——可能和"空",也就是东方的零有着关联。

第五章

我开始了我在南亚的寻找。我打算从近到远,先从 10 世纪开始。和拉朱难忘的会面之后,我上了一辆黄绿色的突突车。突突车在这里随处可见,它是一种三轮摩托车,可以在最拥挤狭小的巷子里穿梭。突突车载我穿过德里的晨雾到达机场,让我搭上了翠鸟航空去克久拉霍的航班。位于中央邦的克久拉霍曾经是一片茂密的森林,而现在这片土地上盖了许多印度教和耆那教的庙宇。飞机起飞后两小时,停在了位于恒河边上的圣城瓦拉纳西。我们在那里逗留了二十分钟,接着继续往克久拉霍方向飞。不到一小时,飞机抵达了目的地。在飞机快要降落的时候,我瞥见了在热带树林废墟中的石头庙。

十多年前,一位名叫林隆夫的日本数学家曾经在这里的古代碑文上拍到神秘的数字,但是他不知道那个庙宇的名字。这个我得自己去找。

克久拉霍机场的飞机跑道很窄,候机大楼其实也就是一间小屋子。我叫了出租车,那是一辆破旧的福特车,车里几乎没有什么装饰,尽是汗味和腐烂蔬菜的味儿。我们的车上了一条笔直而满是灰尘的路,经过了贫瘠干枯的田野后,到达了当地为数不多的旅馆之一,一家贝斯特韦斯特酒店。后来我发现,它可能是这个小镇上最体面的地方了。在前台工作的年轻人好像不急着给我房间,他问我要不要买旅游纪念品,这大概是他的副业吧。我拒绝了他,问他要了房间钥匙,并向他解释自己没有时间买东西。入住手续完毕后,我离开了酒店。在荒无人烟的路上走了十五分钟后,我居然找到了那些庙宇。在围栏圈起来的入口处,有一个得了麻风病的男人坐在那里。我买了门票就进去了。大多数来这里的游客都是为了那些情色雕塑和别致的庙宇装饰。

1838 年,一名叫做伯特(T. S. Burt)的英国军官,在新德里以南四百英里(643.74 公里)中央邦的森林里巡视。他和跟随他的孟加拉工程师们发现了一群被森林吞噬的庙宇,眼前的景象让伯特震惊。在他的日记里,他提到了这些庙宇是他见过最精致的宗教建筑,但他又不知如何去描述他在克久拉霍所见到的露骨艺术。这些 11 世纪雕刻的石头雕像中,大约有百分之十在描绘性爱场面,有些依现代的标准看来依旧大胆。

在西方,我们不太在公共场所看到有关性爱的图像,尤其不会在祭拜的地方看到。但是伯特领队所看到的雕像,被放在了一千多年前印度教和耆那教庙宇的外墙和内部。这些雕塑中的男女都摆着各种露骨的姿势,许多甚至像是杂技,充满想象力。伯特在他的日记中写道:"我找到了七座印度教神庙,全都出自能工巧匠之手。但是雕刻者在创造这些作品的时候似乎额外地添加了一些不必要的温热。"[1]这里曾经有八十五座庙宇,现在只留下了二十座。它们同属于印度教和耆那教。

所有在这个区域的庙宇据布特领队的描述"都离得很近",它们的墙上都是雕塑。这些雕塑描绘了生活中的各种场景还有一些神像,但让人最意想不到的,还是大量赤裸裸的性爱场景。这些真人大小的雕塑和灰色、黄色、红色的带状装饰展现了各式各样人们可以想象的性行为。

至今,都没有人能够很好地解释这些奇特艺术存在的原因。当地的导游会和天真的游客讲解印度《爱经》。杂志或是旅游手册则解释说这些性爱的雕像描绘了印度教的湿婆和他的夏克提帕尔瓦蒂。如果这是真的,那么让人害怕的世

---

① Louise Nicholson, India (Washington, DC: National Geographic, 2014), 110.

界毁坏者似乎只对自己的伴侣有兴趣。另外,有些神庙其实不是印度教的,而是耆那教的。一些比较学术的文章指出这些艺术是生殖力的象征。但其实没有人知道真正的含义。

就像没人能解释克久拉霍的性爱雕像一样,一百多年前在这个地点发现的一个神奇的数学方块也带着神秘色彩。我曾经在一本数学历史书上读到过它。大卫·尤金·史密斯(David Eugene Smith)写道:"印度古镇克久拉霍有许多昌德拉王朝遗留下的废墟。而这神奇的方块出现在了克久拉霍耆那教的碑文上。"[1]我原来以为林隆夫可能是因为这本书而来到这里的,但事实是,他读到的是最早描述这个古方块的历史文献,比这本书要早很多。让林隆夫来到这里的,是英国著名考古学家亚历山大·坎宁安爵士(Sir Alexander Cunningham)在1860年发现这个数学碑文时所留下的记录。这个碑文是在一座耆那教庙的入口处被发现的。[2]

我花了几个小时的时间穿梭在庙宇群中,但没有找到任何的碑文。林隆夫的奇妙方块在哪里?我问了每个见到的导游,但一无所获。直到有一个法国游客无意中听到了我和导游的对话,他说:"我好像在东面庙宇群的某个入口处看到了一些古老的数字。"这个地方在城市的另一边,是一个比较偏僻、游客鲜少的寺庙群。

我离开了有围栏围住的寺庙群,走了半个小时,路过了一些以吃垃圾为生的流浪牛。在印度的各个村落,都可以见到它们的身影。最终,我来到了位于东面的寺庙群,这当中都是些很古老的神庙。这里的大多数庙宇属于耆那教而非印度教。我在寺庙间走来走去,街上除了衣衫褴褛乞讨的孩子和流浪狗之外,别无他人,荒凉得诡异。从田野上吹来了一阵风,卷起了一些沙尘。我什么也没发现,直到我看到了帕尔斯瓦那塔寺庙。它是一座耆那教寺庙,建成于10世纪中叶。

---

[1] David Eugene Smith, *History of Mathematics*, *Volume 2: Special Topics in Elementary Mathematics* (Boston: Ginn and Company, 1925), 594.
[2] 林隆夫转引自 Alexander Cunningham, "Four Reports Made During the Years 1862-1865," *Archaeological Survey of India* 2 (1871): 434.

1983 年在印度研究数学历史期间,林隆夫和他的儿子在迈索尔宫殿

在进门后的右手边,我终于找到了此行的目的:那些林隆夫在四十多年前所看到的数字。这是一个写有印度数字的神奇方块(有些数字和我们使用的一样,有些对于外行人来说就很难读懂了),被刻在了这座千年寺庙的门上。这是一个 4×4 的方块,用我们现代的数字表达是这样的:

7	12	1	14
2	13	8	11
16	3	10	5
9	6	15	4

仔细观察这个方块,会有一些惊人的发现:在这个方块中,所有行的总和是 34,所有列的总和也是 34。不仅如此,两条斜边的总和、四个角上的数字总和以及中间那个 2×2 方块的数字总和也都是 34。这个数字方块可以追溯到公元 954 年。也就是说,早在 10 世纪中叶,建造这个寺庙和在这个寺庙祭拜的人就已经创造出这样复杂的方块。克久拉霍的这个方块是迄今为止发现的最早的 4×4 方块(有比它更古老的 3×3 方块在中国和古波斯被发现)。

通过这个数字方块,克久拉霍很好地证明了早在公元 10 世纪,印度数字就

克久拉霍 10 世纪的耆那教寺庙入口的神奇方块

已经被使用。这些在克久拉霍和其他印度寺庙中发现的数字说明了最初的数字可能主要用于宗教。譬如,古印度文献《吠陀》(可以追溯到公元前 2000 年)用数字具体地记录了寺庙的大小以及要祭祀的动物的数量。这也是印度数字出现在古寺庙中的原因吧。

在一些早期的文献中,也可以发现这些数字的存在。德国艺术家阿尔布雷希特・丢勒(Albrecht Dürer),同样也为数字着迷。1514 年,他雕刻了一件著名的作品《忧郁 I》,这幅版画的右上角就有一个类似的神奇 4×4 方块:

16	3	2	13
5	10	11	8
9	6	7	12
4	15	14	1

和六百年前就出现的克久拉霍方块不同的是,这是一个"正常"的魔法方块。"正常"是指它必须用到 1—16 的所有数字,并且所有行的总和和列的总和是 34。围绕着克久拉霍魔法方块的是沉浸在肉欲中、面带微笑的全裸或半裸雕像,而丢勒的方块则是在一个忧郁的、孤独的、着装的女性形象旁边。这又是一个我认为的东西方逻辑和意向的不同处。

　　克久拉霍的碑文不仅展现了 10 世纪印度人的数学能力,它也留下了当时人们所使用的数字,让我们将其与现代数字作对比。有哪些数字是一样的,哪些是不一样的? 印度数字是如何成为现代数字的呢? 它们的变化是怎样的呢?

第六章

逻辑有很多种类,不仅限于西方的那种线性逻辑。数学也与宗教相关联,这就是为什么克久拉霍的数学方块出现在了一个东方寺庙里。事实上,数学,作为人类将周围事物抽象逻辑化的一个过程,也可以算作是人类智力上的一个谜了吧。

我在想过去建造那些寺庙的耆那教和印度教教徒有没有想过性和数学这些深奥的问题。如果有,他们为什么不留下一些证据给我们?为什么性深深地主导了我们的生命?数学又为什么从根本上主导了整个宇宙?欲望的秘密是什么?无论是在魔法方块中,还是出彩的算术中,数字为什么这么让人好奇?这些很有可能是古代东方人曾经思考过的问题,而他们的这些答案构建了他们的宗教信仰、他们的神。他们在祭拜的地方,放上了象征着性和数学这两大谜团的符号。这是我的猜想,我这样想对吗?

克久拉霍的性爱雕像让我想起了之前一次直面古代性爱艺术的经历。那是在庞贝,又是一次搭着父亲游船的出行。那年,我十四岁。洛齐没有办法陪我,因为父亲叫他去监管船上意大利烘焙咖啡豆的装载。船运公司那时坚持要给船上的旅客供应顶级的意大利咖啡,所以船总是停在意大利的港口上货。母亲和妹妹出去买东西了,父亲留在船上。陪我去参观庞贝的只有总工程师的妻子,她叫露丝·切特,是一位成熟的充满魅力的三十二岁女性。

我们到达古迹,参观了庞贝古城,接着进到一个特殊展区,那里正在展出从这个城市的废墟中找到的性爱雕塑和壁画。但当时,意大利人有一个奇怪的带有性别歧视的规矩:只许男性入场,女性一律拒入。我当然对这个展览很好奇,便进去了。我的年龄不是问题,但是切特夫人则不行,无论她如何大声地祈求、反对、抗议,都无济于事,门卫就是不让她进。

庞贝城毁于公元 79 年,这些雕塑和壁画都是在基督教盛行前创造的。展品中女性雕塑的乳房都被遮住了,表明了即使在性爱场合还须留有一丝的保守。当时十四岁的我对此非常好奇,同时也觉得很害羞。露丝·切特把她不能去看展览的怒气撒在了我身上。一回到船上,她就大声对我父亲说:"你儿子的思想龌龊! 他去看了一个成人展览——但我不能进去!"我父亲大笑。

罗马艺术让十四岁的我羞怯,可现在,在克久拉霍,我是一个寻找古老数字的成熟的成年人。在克久拉霍,神秘的雕像就像是数学物体一样躲藏在其中。想着这两地的声色艺术的相同和不同处,我想东方人或许对于性爱和性向没有任何的避讳。克久拉霍的雕像中所展现的自由、开明和对人生享乐的单纯激情,正是我认为的东西方思想上根本的区别。我在想,这些区别是否与东西方的逻辑思维有关,而这是不是又与他们凭空创造出数字的能力有关,这些创造出来的数字进而变成一套数字系统,为世界广泛使用。在东方,性、逻辑和数学三者似乎有着关联。

我们自然而然会觉得西方式思维是唯一可行的逻辑思维。几年前,我妹妹伊拉娜得了乳腺癌,我因为治疗方案和她生气。她完全不接受西式的疗法,而是将保守治疗作为唯一的治疗方法。在我看来,这是不理智、没有逻辑的决定。我努力地想要理解为什么会有人如此"不理智",为此,我买来了马克·泽格热利(Mark Zegarelli)写的《逻辑学懒人包》。书里是这样写的:

> 古希腊人的涉猎广泛,逻辑学也不例外。举个例子来说,泰勒斯和毕达哥拉斯将逻辑论证应用到了数学领域。苏格拉底和柏拉图也将类似的论证方法应用于哲学。但真正的经典逻辑的创始人是亚里士多德。以下是他最

著名的三段论：

前提：所有的人都会死。

苏格拉底是人。

结论：苏格拉底会死①。

接着他说：

对立四边形。

A：所有的猫都在睡觉。

O：不是所有的猫都在睡觉。

亚里士多德注意到了这些陈述间的所有逻辑关系。其中最重要的就是对角的陈述都是互相对立的，即如果一个为真，另一个就必为假。显然，如果全世界的猫都在睡觉，那么 A 就是真的，而 O 是假的，反之亦然。②

但这与龙树所提出的理论是不同的。龙树所说的是：一切皆真实或不真实，既真实又不真实，既非真实又非不真实。也就是说，两个对立的陈述有可能都是真的。这是怎么回事呢？

西方人确实难以理解龙树的"亦实亦非实，非实非非实"。真实和不真实不能同时存在，如果一件事是真实的，那么它肯定不能是不真实的。事实上，这种概念在数学的排中律中就存在。排中律指出，在真与不真外，没有第三种可能。在数学中，很多主流的证明方法都是基于排中律。证明可以是建设性的，一步一步地达到最后的结论。但更多的时候，理论是通过反证得到的（因为反证更容易些，有时也是唯一的方法）。如果我们想要证明一件事是真的，我们只要假设它是假的，然后再证明这个假设会引起前后矛盾就可以了。

接下来，我要说说一个 2 300 年前古老而优美的反证例子。这个反证来自希腊数学家欧几里得，他证明了质数的个数是无限的。以下是证明过程。欧几里得说："我们先假设质数的个数是有限的，那么，就必须存在一个最大的质数并

---

① Mark Zegarelli, *Logic for Dummies*（New York：Wiley, 2007），20-21.

② 同上，第22—23页。

且其他比它大的数字都是非质数。"这听上去没有问题,对不对? 那么,我们管这个最大的质数叫 p。我们来看一下这个数字:$2 \times 3 \times 5 \times 7 \times \cdots \times p+1$。这个数字是所有质数乘积再加 1。这个数字是不是一个新的质数?

如果它是一个质数的话,那么我们刚刚看到了一个比 p 大的质数。如果不是,那么它一定可以被整除。假设它可以被 q 整除——我们会发现这是不可能的,无论怎样,都会有 $\frac{1}{q}$ 这个余数,而 $\frac{1}{q}$ 一定不是整数。无论是以上的哪种情况,我们都发现了一个矛盾的点,因此反证了质数的个数是无限的。

但是所有反证的例子都假定在宇宙万物中,没有什么既是真也不真、既非真又非不真的。如果我们摒弃了排中律的话,那么这些反证就不能成立了,许多的数学理论又需要重新来证明了。所以龙树这段话背后的意义是什么? 我为什么看重这个问题呢? 是因为我认为这种想法与数字的出现有关。这也是我去东方的理由。

我非常确定佛教的逻辑与数字零和无穷的概念有着密不可分的关系。再进一步去研究的时候,我找到了一篇美国卫斯理大学的逻辑学家弗雷德·林顿(Fred Linton)的文章。他的这篇文章正是用数学的方法解释了龙树所提到的佛教思想中的四种逻辑可能性(在希腊语中被称为 tetralemma,在梵语中叫做catuskoti,意思是四个角)。林顿也用了一些日常的例子来解释"亦实亦非实,非实非非实"的情况。

譬如,如果有一个学生,他在数学上很有天赋,但他又经常被捕,你可以说他既聪明也不聪明。再譬如,在一杯咖啡里加了一小勺糖,你可以说,这杯咖啡不是很甜但也不是不甜。生活中这样的例子比比皆是。[①]

显然,东方的思想认为,由真到假是一个渐进的过程,所以排中律在此不适用。其实,这种一味地认为一件事不是真就必是假的思想代表了西方对于自然和生命的解读。林顿在他给我的邮件里举了更多西方的非黑即白的例子。"你

---

① F. E. J. Linton,"Shedding Some Localic and Linguistic Light on the Tetralemma Conundrums," manuscript,http://tlvp.net/~fej.math.wes/SIPR_AMS-IndiaDoc-MSIE.htm.

要么赞同我,不然你就是反对我。""如果你不能解决问题,那你就是问题本身。""你要喝什么,咖啡还是茶?"最后林顿说:"这都要怪亚里士多德!"

当然,西方的逻辑学肯定是由亚里士多德开始的,他擅长之前讲的演绎推理。但其实,还有其他类型的逻辑用于不同的情况和情境中。东方思想似乎更加能够接受对于世界的不同理解方式。问题是:数学是不是一种非黑即白的逻辑思维呢? 让人惊讶的是,答案是否定的。亚历山大·格罗滕迪克(Alexander Grothendieck)是一位极其聪明但又让人头疼的数学家。格罗滕迪克在数学的各个领域都有着自己犀利透彻的见解,包括测度论——我们如何在最复杂、最抽象的情况下测量,拓扑学——空间理论和连续映射,代数几何——一个代数和几何融合的领域,用几何的形式来传达数字的信息。格罗滕迪克一直致力于研究数字的意义,包括零和无穷的概念,这也促成了他大部分的数学研究。他在自己的领域一马当先,一跃成为当时最有名的数学家。

1968 年,在事业巅峰期的他做了一件疯狂的事。当时,美越战争正打得火热,格罗滕迪克为了反对战争,亲自跑到越南抗议。从那时开始,他远离数学界,几乎全身心投入政治和环境斗争。

当他受邀演讲时,他不按套路出牌,拒绝讨论演讲题目,自顾自地说起了反战、保护环境的议题。虽然大多数听众都同意他的见解,但他们还是觉得被骗了。他们是为了数学而来,不是为了听政治讲道。他们对于格罗滕迪克的崇拜慢慢变成了失望。

接着,格罗滕迪克消失了很长一段时间。1990 年左右,他彻底与世隔绝,隐居在法国埃罗省。据说,他相信世界为恶魔所统治,并且认为他们故意把光速从每秒 300 000 千米变成每秒 299 792 458 千米。[1]

但早在他归隐山间前,格罗滕迪克就已经彻底改变了代数几何领域,并且在这一波革新中,他创造了一个新的概念:拓扑。拓扑是空间上一个最为笼统的概念,只有格罗滕迪克有这个勇气和数学天赋提出这个大胆的概念。一位来自

---

① Pierre Cartier, "A Mad Day's Work," *Bulletin of the American Mathematical Society* 38, no. 4 (2001): 393.

法国神秘数学家组织尼古拉·布尔巴基(Nicolas Bourbaki)的资深成员皮埃尔·卡迪尔(Pierre Cartier)和格罗滕迪克的一位朋友(尽管他说格罗滕迪克隐居后,就再也没有联系他)都表示:"格罗滕迪克曾声称他可以把任何数学概念都转化为拓扑。"①

这也就意味着,格罗滕迪克认为他已经发现了最强有力的空间概念可以让数学变成任何他想要的形状。数字不再是数字或抽象的概念,数字也可以是几何图形。同时,他也可以将几何图形变成数字,或者,他也可以将数字和图形变成更加抽象、深奥的数学概念,并且在只有专业数学家才能够理解的空间中进行数学计算。数字是用一串符号(即数字符号的排列顺序)来代表的抽象概念,但格罗滕迪克将这种抽象概念带到了新的高度。

弗雷德·林顿解释说,格罗滕迪克所创造的拓扑学,为我们解释东方逻辑提供了一个前后一致、精准的数学基础。② 从理论上来说,我们非黑即白的逻辑源自我们对于集合论的依赖。集合论给出了严苛的集合元素概念,即,一个元素或在一个集合里,或在另一个集合里,它不能同时在两个集合中,也不能同时都不在。

格罗滕迪克所做的(还有其他数学家的贡献)是让数学从集合论和集合元素中走出来。他提出了范畴论的概念,在范畴论中,不需要定义集合或集合元素间的关系。这也就使得他定义的拓扑可以解释东方逻辑存在的正确性。通过格罗滕迪克的理论,林顿证明了龙树的四句法是有确切的数学依据的。拓扑将东方逻辑和西方逻辑又放在了同一坚固的理论基础上。在东方逻辑中,一个很重要的概念就是空,即没有、零的意思。

在林顿用于解释四句法的拓扑中,"不真"的对立面不是"真",这是龙树思想的关键。在西方,不(不真)的对立面就是真。这一逻辑使得反证法成立,也是我们周密思维的特征。但在林顿的拓扑中,有"真",也有"不真",还有第三个元素

---

① Pierre Cartier, "A Mad Day's Work," *Bulletin of the American Mathematical Society* 38, no. 4 (2001): 395.

② F. E. J. Linton, "Shedding Some Localic and Linguistic Light on the Tetralemma Conundrums."

叫做"不（不真）"。用林顿自己最喜欢的例子来说，"这杯咖啡不是不甜"——也就是说不是很甜，但也不是不甜。这个例子完美地展现了这种逻辑。

这让我想起了几年前，我的出版商与宣传负责人碰面后，说："他不是一个没有吸引力的人。"这是一个很典型的林顿的"中间"逻辑：我的出版商不想说这是一个有吸引力的人，但他也不觉得他是一个没有吸引力的人。

在模糊逻辑和量子力学中，允许两个互斥的状态混合着存在（概率或其他）。熟悉这些概念的读者可以这样来看林顿的拓扑：林顿证明了龙树的东方逻辑和四句论是有坚实的数学基础的。如果量子计算有望成为现实，那么就不能仅仅依赖我们所熟知的逻辑基础。这也是我那位在马来西亚大学任职的朋友——拉朱，最近向我指出的。① 并且，我相信，正是四句论的逻辑造就了零的诞生。

---

① 更多可参见：C. K. Raju, "Probability in India," in *Philosophy of Statistics*, Dov Gabbay, Paul Thagard, and John Woods, eds. (San Diego: North Holland, 2011), 1175.

第七章

■
　■
　　■
　　　■

在印度,数学、逻辑、数字和性的交织自古有之。印度最早的书籍是之前提过的四部《吠陀》本集,里面记录了宗教歌曲和仪式。书中所使用的语言是比梵语还古老的吠陀梵语,也被称为古印度雅利安语。[1] 其中《梨俱吠陀》是"四吠陀"中最早的一本,可以追溯到公元前 1100 年。[2] 在这部典籍中,就已经大量地使用了数字,尤其是十的幂数。以下是其中的一些片段:

> 我用我的智慧献出了最好的诗篇
> 赞美巴维亚统治印度
> 他给了我成千的献祭,
> 那个无与伦比的渴望名声的国王。
> 从他那里得来的上百金块,
> 还有一百匹马作为礼物送给我,
> 我,喀什文特,还从主人那里得到了一百头牛

---

① Kim Plofker, *Mathematics in India* (Princeton, NJ: Princeton University Press, 2009), 5.

② John Keay, *India: A History* (New York: Grove Press, 2000), 29.

他的名声在天堂永不腐朽。①

历史学家约翰·凯伊(John Keay)在他的书中也记录下了这首诗歌的末一经节,他指出:如果将诗中的"福佑"或"创造"替换成性爱意味的字眼也依旧通顺,这甚至让加尔各答大学的戈什教授觉得这首诗歌是淫秽的。我们可以认为这是首肉欲的诗歌:

> 哦,荣耀的上帝,愿灿烂的光芒让你欣喜,
> 愿你的祈愿得到圆满。
> 你欢快的创造,拥有你福佑的人,
> 和你的福佑一样让人振奋。
> 于你,活力和祝福一样明朗
> 强大的你让人无比欢喜。②

性爱的意象和数字巧妙地融合在了一起。历史学家约翰·麦克莱什(John McLeish)说:"从印度文明的一开始,居住在南亚次大陆上的人就对数字有着极高的敏锐度。"③麦克莱什继续指出,摩亨佐·达罗是印度历史上第一座城市,那里承载了5 000年前繁荣昌盛的印度河流域文明。摩亨佐·达罗人当时就已经使用一种简单的十进制,并且其测重量、长度的方法比同时代的古埃及文明、古巴比伦文明和古希腊的迈锡尼文明要先进得多。吠陀祭坛严格按照制定好的规格来建造,尺寸和形状的精准极其重要。④

在古印度,数字的产生有着宗教的原因。在西方,人们更在乎数字的实用性,将数字用于交易、记账或其他日常活动。而东方,数字则有精神上和宗教上的意义。

---

① John Keay, *India: A History* (New York: Grove Press, 2000),30.
② 同注①。
③ John McLeish, *The Story of Numbers* (New York: Fawcett Colombine, 1991),115.
④ 同注③,第116页。

关于印度数学,我阅读了不少文献。在大卫·尤金·史密斯(David Eugene Smith)于1925年出版的数学历史书中,我找到了下列描述:

> 早期的印度数字有很多版本。最初始的形状被记录在了阿育王的碑文上。阿育王是一位伟大的佛教徒。在公元前三世纪,他统治了几乎整个南亚次大陆。但是这些数字的形状并不统一,并且会根据不同地区的语言需要而改变。佉卢数字就是一些纵向的符号,罗米数字则更加有意思些。在距离普纳七十五公里的娜娜高止的洞穴中发现的碑文距阿育王时代有一百年。[1]

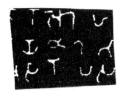

娜娜高止洞穴中的数字符号,最中间是十和七

娜娜高止的碑文中所发现的数字里,数字七和我们现在用的"7"很相近,而数字十看上去像是希腊文中的 α(alpha)。

这些数字应该就是我们现代数字的雏形了。佛教僧侣将这些数字刻在了西高止山脉的山壁上。在公元前2世纪左右,这些僧侣住在洞穴里,也将洞穴作为他们修行的地方。我们知道这些游走修行的僧侣将十进制在整个亚洲大陆传播开来。想要访问这个洞穴,必须要经过四个小时艰难陡峭的山路,才能到达在绝壁边上佛教徒洞穴的洞口。印度政府没能很好地保护这个洞穴,因为人为破坏和疏忽,山壁上刻着的现代数字雏形的碑文已经难以辨认了。

这些数字在阿育王时期成型,之后,它们经历了怎样的演变呢?

在新德里的印度国家博物馆,有一个很大的展区展示了印地字母和其他亚洲语言字母的演变过程。在离展区不远的地方有一个研究中心,我走了过去,和那里的研究人员攀谈起来。我很惊讶地听到其中一位说:"尽管我们不想承认,但我们的字母是从阿拉米语演变而来的。"这在我意料之外。这位穿大衣、戴领

---

[1]　David Eugene Smith, *History of Mathematics*, *volume 2*：*Special Topics in Elementary Mathematics* (Boston：Ginn and Company, 1925), 65.

带的中年学者继续说道："印度很早就和西亚以及希腊有着贸易往来,而阿拉米语作为当时通用的语言影响着我们自己的书写字母。"

但我想数字不可能从阿拉米语中来的,因为当时近东地区不是使用六十进制就是使用希腊罗马式的字母数字。我向这两位研究人员表达了我的看法,他们同意地点点头,说：尽管印地字母是从近东地区传来的,但数字或许的确是印度人的发明。

事实上,最早使用的数字很有可能是腓尼基字母,而希伯来语、阿拉米语和其他闪米特语系语言的字母都从中演化而来。[①] 腓尼基语是近东地区最古老的语言。毕达哥拉斯曾经到过那里,并且从腓尼基人、埃及人和他们的神职人员那里获得了数学启蒙。英文的字母 A 和希伯来文字母 𐤀 (aleph) 都是从腓尼基字母 𐤊 (aluf) 演变而来。"Aluf"本身的含义是牛,而它的写法就像是一个牛头。这个字母曾经代表数字一。现在依然有犹太人用 𐤀 代表一。古希腊人用 α 作为一,β 和 γ 作为二和三。罗马人用 I 作为一,II 作为二,以此类推。古代犹太人也用他们的字母 𐤁 (bet) 和 λ (gimmel) 来代表数字二和三。

因此,娜娜高止的碑文强有力地证明了数字很久之前在印度起源,之后经历了一些演化再被传播到整个世界。这些数字的前身出现在阿育王纪念碑

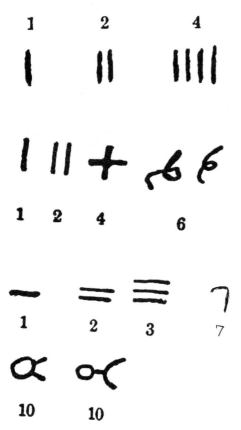

第一排：佉卢数字(公元前 3 世纪)
第二排：罗米数字(阿育王碑文公元前 3 世纪)
第三排和第四排：娜娜高止和纳西数字

① M. E. Aubet, *The Phœnicians and the West* (Cambridge: Cambridge University Press, 2001).

的罗米文字中,而这些都和佉卢文字有关联。佉卢文字是从公元前3世纪开始在北印度和巴基斯坦用于书写梵文和当地语言的一套文字。

专家们发现在印度的各种早期文字中含有数字,因此认为现代数字起源于印度。那零的起源在哪里呢?

第八章

■
　■
　　■
　　　▩

　　不得不承认,拉朱可能是有些极端了。他声称欧几里得从未存在过,又说印度人早就发明了微积分。他在各种国际会议上发表这些骇人听闻的言论,享受着因此得到的国际知名度。但不管怎么说,有一件事他做对了,他归还了原本就属于东方的发明创造,譬如数字和零的发明。"毫无疑问,是印度人发明了零。"我们再次见面的时候,他语气坚定地跟我说。毋庸置疑,零起源于东方。至于是否从印度来,我们不得而知。

　　的确,很长一段时间以来,数学和科学史都戴着西方的有色眼镜,想要纠正这些历史偏见从来都是一项艰巨的任务。拉朱算是业界为东方的发明创造发声的重要人物之一。

　　之所以很难对印度的古物下定论,最大的原因就在于追溯日期上。想要确定印度文物和事件的年代是非常困难的事。有些学术论文中对于物品和文件的年代的推断可以相差一千年之多。这个问题也就阻碍了印度史时间轴的建立,想要判断谁在什么时候发明了什么也就更难了。

　　影响印度数学史的一个问题就是精密性的缺乏和对细节处理的草率。印度数学家在数学证明或论据中经常跳过了西方人认为很重要的步骤,对于文物的年代推断也是如此。

　　20 世纪的数学神童西里尼瓦瑟·拉马努金(Srinivasa Ramanujan)贡献了非常多有影响的理论,但他的论文也跳过了许多关键细节。拉马努金于 1887 年出生在印度东南部泰米尔纳德邦靠近马德拉斯(现金奈)的埃罗德村庄。他少时就成功地推导了上百个极其重要和复杂的数学公式。他将这些结果寄给当时著名的英国数学家哈代(G. H. Hardy)。哈代意识到能够写出这些惊人推导结果的人一定是一个天才,但因为拉马努金没有提供任何证明的过程和步骤,哈代分不清哪些结果是新得出的正确的,哪些是不正确的,又或是正确的但之前就已知的结果。哈代还是非常欣赏拉马努金和他寄来的"数学宝藏"。他说:"这些结果完全超出我的想象,我之前所见过的研究都不及他的皮毛。"哈代认为,这些等式一定是正确的,因为"如果它们不是,那么没有人能够凭空造出来这些"! [①]

　　哈代被这位来自遥远国度的素昧平生的年轻数学家深深吸引,他邀请拉马努金来剑桥和他一起工作。最终,拉马努金来到了英格兰,但那时他已经病重,命不久矣。拉马努金在英国普特尼住院期间和哈代的对话可以证明他的知识量。

　　拉马努金在他事业的高峰期因为肝脏寄生虫感染而离开了人世,年仅 32 岁。当时还不知道拉马努金的病因,他生病卧床的时候哈代去医院看他,哈代不知道聊什么好,便说:"我今天坐出租车来,带来了一个很无趣的数字 1 729。"当时,尽管拉马努金已经非常虚弱,听到了哈代的话,他从床上跳了起来,大声说道:"不是这样的,哈代,不是这样的! 1 729 是一个很有意思的数字! 它是可以用两种不同的方法表示成两个立方数之和的最小数字。"(因为 $1\ 729 = 1^3 + 12^3 = 10^3 + 9^3$)。拉马努金的数学感知让他知道成千的关于数字和等式的知识,他从来不屑去求导,因为他不需要证明什么。

　　早期的印度数学家也很少给出证明。好像在印度数学就是这样的,可能和东方的逻辑一致,就好像说:"我们不信那套严谨的西方逻辑,我们根本不需要。"在数字的发明上,也是一样的问题。如果可以正确追溯古代的印度文献,那么或许可以证明数字是印度人的发明。但是大多数的资料——除非是刻在石头上

　　① Robert Kanigel, *The Man Who Knew Infinity* (New York: Washington Square, 1991), 168.

的——都没有注明日期或很难追溯准确的年代。很多保留下来的铜或青铜盘，它们的日期是写在正文旁边的，这些日期往往不可信，因为可能是假造或是之后加上去的。

坎德拉碑文就是一个我想要寻找的铜盘，如果可以找到，那么印度数字的演化过程会变得明了。坎德拉碑文上的日期很有可能是准确可信的，尽管没人知道这个碑文是否真实存在。无论如何，我还是会尽力去找。

拉贾斯坦邦。一提到这个名字，人们就想到了在沙漠上穿着五颜六色衣裙的骑手在一片荒芜的山丘上驰骋的样子，还会想起在深山河流旁的堡垒，又或是整齐划一的象兵朝着童话般的城堡前行，当然还少不了耍蛇人。我从克久拉霍飞到了拉贾斯坦邦东部的斋浦尔，来寻找一个可能不存在的铜盘。克久拉霍的机场只有一条小跑道和一个小房子，相比之下，斋浦尔的机场就大许多了，甚至还有一两家餐厅。斋浦尔处在印度的"黄金三角"旅游助力里，随着游客的增多，当地的经济也被带动。

我从克久拉霍出发到德里转机。由于德里大雾，飞机误点，到达斋浦尔时，夜幕已深。我坐在到达大厅，透过玻璃墙看着接机的人们。我看到了一位豪华轿车司机拿着写有我名字的牌子，他是酒店派来接我的。

在拉贾斯坦邦，只需要花一间国际大城市酒店的钱就可以住一个宫廷了，我在斋浦尔的住宿就是这样安排的。我租的房间曾经是拉贾斯坦邦君主宫廷的马夫房。这间宫廷现在的主人出租了宫廷里大大小小的房间。马夫房比宫廷里的房间要便宜些，但还是一个不错的地方。房间里铺着克什米尔地毯，摆放着精致的乌木橱柜和一张皇家四柱床。住处四周很安静，我比在克久拉霍的贝斯特韦斯特要睡得好很多。第二天早上，我叫来了昨天来接我的司机，让他带我去东北方向五十公里开外的一处废墟。有传言说，在那里发现了刻有坎德拉碑文的铜盘，上面还有包括零的数字符号。[①] 如果这铜盘还在的话，它应该挂在一个废弃寺庙的内墙上。

我们的车行驶在曲折蜿蜒的无人小道上。我们经过了一条河，河流的中心

---

① 这个可能镌刻最早的零的铜盘，史料记载甚少，可参见：*Epigraphia Indica* 34 (1961 - 1962).

有一座岛,岛上有一栋古老的城堡。在河岸边靠近路的地方有一组列队,后边还跟着打扮过的载人大象和骆驼。路上有一小群人围着一个用鼻孔吹奏乐器的老年男子。我们继续慢慢向上爬坡,前往废墟。在路上停顿休息的时候,我还看到了一位耍蛇人,他的身边站着一群观看他表演的游客,眼镜蛇随着耍蛇人的音乐有节奏地摆动着它的头。

终于,我们到了目的地。在一座山丘顶上,我们看到了一个被废弃的寺庙。风猛烈地刮着,扫起一片尘土。这座被破坏的寺庙只剩下了两堵墙,地上被从其他墙上掉落的石块所覆盖。我在废墟里走了一圈,并没有发现什么铜盘。我又花了两个小时,走遍了所有可能的地方,但一无所获。我安慰自己说,许多印度文物都找不到了,才稍稍能平复一点自己的失望。最后,司机带我回到了马夫房。接下来,我要去寻找在印度历史上最早出现的数字零,而这个碑文是肯定存在的。

在离开斋浦尔之前,我去了一趟简塔曼塔天文台(简塔曼塔字面意思是"计算的机器"),这里是一些著名的印度数学家几百年前工作过的地方。现在的简塔曼塔天文台是一间博物馆,用来向民众科普早期的天文学。我认真研究了展品中的仪器。这些仪器比望远镜的年代还早,所以没有镜片,但是它们还是相当先进,还可以相对精确地计算出天体的各种角度。有一些仪器可以跟踪天体一年的运动,譬如月亮和太阳。我观察了一下在这些仪器上的数字,这些仪器都是后期在这家天文台所使用的,年代大概在 16 世纪和 17 世纪之间。所以,所有的数字都是现代数字,包括零。

在发表论文中,最早提出现代数字是从印度传来的是著名的德国数学史学家莫里茨·康托尔(Moritz Cantor)。在一篇 1891 年发表的文章里,康托尔说:"像这样有意识地根据零位置的不同进行各种计算的概念最容易在它的诞生地被理解,我们这里所说的诞生地就是印度,这是可以去证实的,尽管有人认为还有第二个可能性。但更大的可能是,即使巴比伦是数字的诞生地,这些数字传到印度时,尚处于未成熟的雏形状态。"[1]

---

[1] Moritz Cantor, *Vorlesungen uber Geschichte der Mathematik* vol. 1 (Leipzig: Druck & Teubner, 1891),608.

密歇根大学的路易斯·卡尔宾斯基(Louis Karpinski)教授在 1912 年 6 月 21 日出版的《科学》杂志上引用了康托尔关于数字起源的大胆猜想。他将康托尔的德文原文翻译成英文。[①] 接着,他还在自己发表的文章里排除了数字有可能是从巴比伦起源的说法。因为他认为巴比伦人用的是六十进制,这个系统用了一个很大的基数:六十。同时,他指出巴比伦人没有用过零作为占位符。他的结论是,数字一定从印度起源。但是有什么证据可以证明数字,包括非常重要的零,是从印度起源的呢?

康托尔和卡尔宾斯基都没有给出任何确切的证据。卡尔宾斯基在他的文章中提到"有一份很早的文件用到了印度数字。这份文件很重要,因为它出版于公元 662 年,比现今最早出现的欧洲数字要早了整整两个多世纪。"[②]但令人讶异的是,一篇在大名鼎鼎的《科学》杂志上发表的文章中,卡尔宾斯基居然没有告诉我们这份文件的名字是什么。如果这份文件被保留至今,并且能够确认它的确写于公元 7 世纪,那么它将是科学史上最重要的文件之一。同样让人不得其解的是,卡尔宾斯基声称数字是在公元 9 世纪传到欧洲的,但对此他也没有给出任何证据。

与此同时,因为没有能让人信服的证据证明数字是从印度起源的,许多欧洲学者对于东方起源说依旧抱着怀疑的态度。我们可以看到,有些学者认为零应该是欧洲人或阿拉伯人发明的。

也许卡尔宾斯基所说的那份文件就是巴赫沙利手稿。这份手稿写在桦树皮上,于 19 世纪在一座靠近巴赫沙利的村庄发现,这座村庄靠近现巴基斯坦的白沙瓦。这份手稿的确是非常古老了,它分别写在七十片树皮上,因为太脆弱、怕损坏,因此一直禁止任何人触碰。现在这份手稿在牛津大学图书馆展览。因为不能触碰,人们从没有对巴赫沙利手稿做过任何可以精确确定它年代的放射性碳测试。根据手稿的内容和所使用的文字,许多学者认为手稿的成文年代大概在 8 世纪至 12 世纪之间,也有人认为应该更早,在公元前 200 年和公元 300 年

---

① Louis C. Karpinski, "The Hindu-Arabic Numerals," *Science* 35, no. 912 (June 21, 1912): 969 - 970.

② 同上,第 969 页。

之间。但因为没有放射性碳测试，我们没有办法确切地给出年份。

这份手稿中包含了许多数学内容，包括了推算平方根的公式以及负数的应用。最重要的是包括了数字符号零。如果它写于公元 2 世纪或 3 世纪，甚至是 4 世纪，那么就可以证明印度是最早使用零和整个现代数字系统的地方。如果英国官方同意让即使一小片的树皮接受简单的、无侵入性的放射性碳测试，我们就可以确切地知道这份极其重要的手稿的年份。如果没有放射性碳测年，那么这份印度手稿在科学史中的坐标依然无法确定。

在 20 世纪初，英国学者凯伊（G. R. Kaye）是研究巴赫沙利手稿的第一人。他认为手稿的年份最晚可到 12 世纪，因此我们的数字系统还是有可能来自欧洲或阿拉伯地区。他写道："那些在一百年前利用印度历史和文学的东方学者所使用的研究方法是有瑕疵的，他们也因此散布了许多错误观点。若是按照正统印度教的传统说法，印度天文学中的重要著作《苏利耶历数书》写于两百万年前！"[1]

凯伊明确否定了康塔尔和卡尔宾斯基的研究和其他像他们一样相信数字和零起源于印度的人。他在他的文章里继续抨击了所有数字是从印度传来的主张，他还讽刺了印度的定年法，还有那些将巴赫沙利手稿的年代定得过早的人。"在 16 世纪，印度教的传统认为'用九个数字和占位符来表示所有的数字'是献给'宇宙仁慈的创造者的'，有人就将此作为印度数字系统年代久远的证据！"[2]

当时我并不知道，凯伊会在我的故事里扮演重要角色。那时，我的假设是零作为我们数字系统中最重要的发明理应来自东方，我问自己为什么会这样想，我想这与我在亚洲时对东方逻辑的印象有关。我认为，起源于东方的现代数字有着宗教、心灵、哲学的神秘色彩。它们不像在西方那样，有着交易和工业的现实考量。尤其是"空"和"无穷"这两个概念在佛教和耆那教中有着举足轻重的地位。

---

[1] G. R. Kaye, "Indian Mathematics," *Isis* 2, No. 2 (September 1919): 326.

[2] 同上，第 328 页。

印度最早的零出现在瓜里尔,瓜里尔位于著名的泰姬陵的所在地阿格拉的东南面。瓜里尔这座城市的历史有着传奇色彩。在公元 8 世纪,中央邦的统治者舒拉吉圣感染了很严重的疾病,就快要死了。后来,他被一位名叫瓜里帕的隐士治愈了。为了表达感谢,舒拉吉圣建立了一座城市,并用他救命恩人的名字来命名。在几百年间,瓜里尔建造了许多寺庙,城市里赫赫有名的城墙在历史上的多次冲突中起到了防卫的作用。城墙坚不可摧,它建在了这座现代城市市中心的高地上,高出周围的建筑物 91 米之多,这使得敌人很难接近和突破。查图胡杰寺是一个印度教祭祀用的寺庙,也被称为"四臂之神庙"(四臂之神就是印度教中的毗湿奴,是这个世界至高无上的维护者)。在这个寺庙里,有一处刻在墙上用梵语书写的文字,记录了这座寺庙的建造年份是 933 年,该日历的起始年份是公元前 57 年。也就是说,这座寺庙建于公元 876 年。此处,"933"这个数字的写法与现代数字极其相似。这个碑文还记录了这座寺庙的地面长度为 270 肘(肘是古代一种长度单位)。"270"中的"0"就是迄今为止在印度所发现的最早的零了。

这说明:在公元 876 年,印度的数字系统中已经有了极为重要的占位符零。这套系统用现代人的眼光来看是完美的,因为印度人可以用它们进行强大的、快速的、精准的运算。那么有没有可能再将时间轴往前推一些,找寻到人类最有智慧的发明之一——零在历史上的初次亮相呢?我想要亲自去看一看、去感受一下。

我带着这个没能解开的谜团离开了印度。我在那里学到了很多,但都与原始零的起源和时间点无关。如果印度最古老的零出现在公元 876 年,同样说明零也有可能是从阿拉伯传过来,甚至有可能是先从欧洲传到阿拉伯地区的,因为 9 世纪时的巴格达已经在苏丹的统治之下了。这个时期是阿拉伯地区贸易繁荣的时期,也就使得物品、想法和概念得以在生意人所到达的地域间——东西方间得到交流。这些交流可以是从东方到西方,也可以是从西方到东方。这一论点被带有西方偏见的凯伊用在了他的讲课和论文中。因为找不到比瓜里尔的零更古老的零,我们也就无法反驳凯伊所说的零可能是从欧洲或阿拉伯地区传来的这种说法。

但如果我们可以找到一个在西亚地区 7 世纪出现的零的话,就可以强有力地证明零起源于东方。这就是为什么瓜里尔的零尽管至关重要,却无法确切地告诉我们在数字系统中创造它的人是谁。

迄今所发现的最古老的零,毫无疑问是玛雅人创造的零,但这个零一直只在美索美洲,并没有被广泛使用。瓜里尔所发现的零出现在 9 世纪中叶,所以也无法成为很好的历史性标记。如果坎德拉碑文可以重新被找到的话,那么印度人发明零的时间可以往前推至公元前 809 年,这个时间点是几十年前声称研究过此碑文的人所推测的。① 但这个时间点还是相对较晚,因此对于寻找零这个概念和数字符号的起源并没有太大的帮助。

① 感谢林隆夫在其著作中以日语讨论了坎德拉碑文,可参见:Takao Hayashi, *Indo no sugaku* [Mathematics in India] (Tokyo:Chuo koron she, 1993),28 - 29.

第九章

从印度回来后，我的研究好像走入了死胡同。古印度人的零出现在 9 世纪，但在差不多的时间段里，以巴格达为中心的阿拉伯帝国也出现了零。哈里发的商人连接了东西方，任何地方都可能是零的发源地。零可能起源于东方，再被阿拉伯商人传到西方；也有可能最先出现在欧洲，再通过阿拉伯人的海上传输到达印度；当然还有可能是阿拉伯数学家发明了零，再通过东西方的贸易交流传到各地。如果可以用放射性碳测年来确定巴赫沙利手稿的年代，就能确认它是否比瓜里尔的零更早，这样我的问题也就迎刃而解了。但我又有什么能耐去劝说固执的英国人来对一件无价之宝进行他们认为有侵入性的测试呢。之前有人这么试过，但都没有成功。

一想到可能永远都找不到谁最先发明了零，我不禁有些泄气。想要继续研究，但好像也没什么进展。要再找一个新的研究项目吗？黛布拉很支持我，觉得我应该继续下去。但我对自己能否再继续研究这个题目已经没有信心了。既找不到任何关于零的内容，也不知道还能做些什么，好像做什么都是徒劳。花了这么多时间却一无所获，我感到懊恼、愤怒和失落，所以只好不得已找寻其他的研究题目。我的朋友和同事都劝我找一个和数字符号无关的项目。

我找到了一个折中的办法。零是不再找了，但我可以研究其他的数字系统。伊特鲁里亚人是一群神秘的意大利原住民,居住在现托斯卡纳和部分翁布里亚地区,他们痴迷于死亡和陪葬艺术。伊特鲁里亚文化在公元前8世纪至公元前3世纪间到达顶峰。伊特鲁里亚人有属于他们自己的数字系统,但从未被完整地破译。我重新拾起数字研究的热情,投入到伊特鲁里亚数字系统的研究中。考古学家在伊特鲁里亚古迹里发现了用骨头做的游戏骰子,我们可以从这个骰子中猜测数字一到六的形状。这些数字的形状都来自伊特鲁里亚字母,但是伊特鲁里亚字母本身也没有被破译,所以我们不清楚每个伊特鲁里亚数字的形状,因为缺乏足够的考古证据,对此也一直没有明确的结论。这反倒让我很感兴趣。通过一个月的努力,我在比较伊特鲁里亚字母和希腊字母的相似性上有了进展。譬如,伊特鲁里亚语中没有"g"这个发音,所以他们借用了希腊字母γ作为字母C。在公元前2世纪,伊特鲁里亚文明被罗马帝国同化后,字母C用来代表数字100。也就是说,这个字母绕了一圈,从希腊经过伊特鲁里亚再被传到罗马。尽管这是一个很有意思的研究,但不像寻找原始的零那么让人兴奋。

接着,让人意想不到的事情发生了。黛布拉为了给我加油打气,从家里出来和我一起共享午餐。她建议我再重新研究一下瓜里尔零,也就是印度最古老的零的故事。当时我们都不知道,她的这个建议之后给我停滞的研究带来了突破。

我听取了黛布拉的建议,重新回到瓜里尔零的故事。我意外地发现了不列颠哥伦比亚大学数学家比尔·卡塞尔曼在网上对这个零有一段很精彩的描述。不知怎的,我想打电话给他,看看他能不能告诉我一些关于瓜里尔零的其他故事。他很快地接了电话,我们俩很聊得来,说了很久的话。我了解到他对数字历史有着很广泛的了解,同时他还是著名的美籍日裔数学家——来自普林斯顿大学的志村五郎教授的博士生。我之前写书的时候,还曾为了费马大定理采访过志村五郎教授,没有想到我们之间还有着这层关系,真希望能和卡塞尔曼成为朋友。

卡塞尔曼告诉我他非常确定在柬埔寨发现的零要比瓜里尔的零早,这个结果早在几十年前就被法国考古学家乔治·赛代斯(George Cœdès)发表过。他说他对此了解得并不多,建议我再去了解一下整个故事的全部。当我意识到乔治·赛代斯可能就是那位洛齐跟我提过的法国考古学家的时候,我差点没从椅子上摔下来。终于,通过这个偶然的机会,我回到了洛齐给我指的道路上。

我有些茫然,怎么会之前都没有发现呢? 在过去的几个月里,我到底有没有认真地去研究零的历史呢? 更让我觉得羞愧的是,法国研究者乔治·伊弗拉的书《数字简史》中,多次提到了赛代斯的研究,而这本书就放在我书桌上,我居然没注意到。我呆坐了一分钟,不敢相信地揉了揉眼睛。怎么会这么粗心呢? 我从冰箱里拿了一瓶冰镇烈酒。洛齐说的是对的,尽管我花了四十年的时间才明白他的意思。

在接下来几周的时间里,我疯狂地补习这位不为人知的法国考古学家和语言学家的研究(仅仅是对我和普通大众而言,在学术界,他非常有名望)。尽管他本人并不是数学家,他却完全改变了我们对于数学历史的认知。赛代斯是一个很有意思的人物,有着极高的语言和翻译天赋,他对待历史的态度一丝不苟,并且努力指正那些独断的学者的错误。赛代斯发现了一个比瓜里尔的零还要早的零。通过研究分析后,他将结果发表,并更正了我们对于数字历史的认识。

但是赛代斯发现的带有零的柬埔寨文物已经遗失。现在我觉得有必要去找到它、亲自看到它,并告诉全世界:这是世界上第一个零,这个体现人类智慧的伟大发明引领了我们现代电子化的新世界。同时,这也能证明零并不是来自欧洲或阿拉伯地区,而是起源于东方。

终于找到了一个新的起点,我已经准备好再次上路了。但这位发现了已遗失文物的法国学者乔治·赛代斯到底是谁呢?

1886 年 8 月 10 日,乔治·赛代斯出生在法国巴黎富裕的十六区,家里面朝着塞纳河和埃菲尔铁塔(在他三岁时建成)。他的父亲是一位有钱的股票经纪人。祖父是来自匈牙利的犹太移民,名叫卡多斯。他是位艺术家,抛弃了家乡的一切,来到法国开始了新的生活,甚至给自己换了一个听上去更像法国人的名字。而他的孙子乔治也一直保持姓氏中 o 和 e 的连写以及 e 上的开音符,并坚持姓氏原来的法式发音。

在优渥环境下长大的乔治,并没有像他父亲建议的那样选择金融行业,而是决定去学语言。乔治的母亲出生在斯特拉斯堡的一个犹太人家庭,家里祖祖辈辈都在阿尔萨斯-洛林地区。阿尔萨斯-洛林靠近法德边界,至今还时不时有人说德语。赛代斯在家里耳濡目染,会一些德语。长大后,他想要认真学它。二十岁那年,为了精通德语,他花了一年的时间游历德国。他的德语说得非常好,以至于过边境回法国的时候,海关竟以为他是德国人。回到巴黎之后,赛代斯报名了一个语言教师资格培训项目,并轻松通过了国家教师资格考试。1908 年 5 月,他获得了在法国中学教德语的资格证书。

但 20 世纪初的法国对犹太裔并不友好。受到"德雷福斯案"的影响,法国社会被分化,在精英和官僚圈子里,又兴起了一股反犹太人风潮。因此,许多法国中学拒绝了这位年轻聪明的双语老师。对于充满野心又固执的赛代斯来说,他不愿意放弃。他试了好几个学校,终于被巴黎的孔多塞中学录用,开始了他德语教师的生涯。可很快,之后发生的事情将他推向了另一条路。

开始教书没多久,赛代斯被征召去当兵。从某种角度来说,他算是幸运的。他于 1908 年服役,那还是第一次大战爆发前的和平年代。作为年轻军官的他在法国军队里的日子并不好过,因为部队里一直以来的反犹风气从没有消散过。放假的时候,赛代斯就回家探望宠爱他的父母还有他的学生。那时的他,已经是学生们离不开的最爱的老师了。

一天下午,赛代斯决定去卢浮宫转转。凡到过卢浮宫的人,无一不被其丰富的馆藏所震撼,从油画、雕像到文物,应有尽有,它或许是全世界最好的博物馆了吧。在 1909 年的初春,23 岁的赛代斯走进了卢浮宫远东文物展览区。他突然在古巴比伦暴风神石碑前停了下来。他仔细研究了石碑的讲解,并且惊讶地发现,只要他集中精神,是可以推测出讲解中的法语和这件石头艺术品上字的关联的,他甚至可以破译石碑上的一些词。

赛代斯被他的能力吓到了,他发现了自己罕见的天赋。只要花一些功夫,他便可以解开这些刻在千百年文物上古老文字的含义。等他走到东南亚展区的时候,他已经完全被吸引住了。赛代斯知道解码这些古老的文字将会是他毕生愿意做的事。

因为东南亚被殖民过的关系,法国曾称这座半岛为"中印半岛",并且在法国的博物馆里有着丰富的柬埔寨、泰国、老挝的艺术品和文献。退伍前的几个月,一有空他就会去各个巴黎的博物馆,带着纸和笔,抄写古高棉语,古代柬埔寨语也是最让赛代斯着迷的。六个月之后,他已经基本掌握了古高棉语。退伍后,他立即在巴黎的法国高等研究实践学院学习古高棉语和印度最重要的语言——梵语。

那一年,他发表了自己的第一篇学术论文。他用梵语和古高棉语对公元3世纪柬埔寨石碑的语言进行了精彩的分析。这篇文章发表在颇有声望的《法国远东学院学报》上。这份刊物在当时的法属越南河内编辑出版,而它的名字也来自法国在中南半岛上建立的教育研究机构"法国远东学院"。

1911年的夏天,赛代斯顺利从法国高等研究实践学院博士班毕业后,得到了他的第一份研究员工作。他发表了他的第一篇论文,法国远东学院给了他一份在河内担任研究员的工作。之后,赛代斯便迅速前往中南半岛开始了他的职业生涯。

赛代斯从年轻的时候就是一位很仔细、有野心、有韧性的学者。他在研究一件文物的时候始终是一丝不苟,一个细节也不放过。他常常坐在书桌边研究档案,一坐就是好几个小时,不是反复地手抄那些碑文,就是用铅笔临摹那些石刻艺术品,直到他完全弄明白为止。瘦瘦的、戴副眼镜、脸上少了一些血色的他好像就是个天生的书虫。

赛代斯读过英国学者凯伊的论文,所以他非常明白凯伊背后的不良居心。他了解凯伊非常讨厌印度,尽管这个国家曾经欢迎他到国内来做研究并且让他成为第一批研究巴赫沙利手稿的人。凯伊利用了他对印度文物的了解,主张印度的数学是跟随欧洲的脚步而发展的。他用他在印度发现的古希腊货币来证明印度和希腊有过贸易往来,来证明欧洲的主导性,而他十几年来也是一贯地反对数字系统起源于印度的这个说法。

凯伊坚定地表示,因为在印度发现的能够确定年份的文物中没有早于9世纪的,所以我们现有的数字系统肯定是从希腊传入印度,或是从欧洲或阿拉伯地区传入的。由于他是第一批研究巴赫沙利手稿的人,这使得他在学术界拥有很高的话语权,他也利用这样的权力来说服其他的学者,让他们相信在发明数字系统上,印度不可能早于西方。又因为整个英国的学术氛围都比较"反亚亲欧",凯伊在这个观点上找到了不少同盟,故而他的观点也成了主流。但赛代斯下了决心要证明凯伊是错的。

第十章

赛代斯认为一千多年前在东南亚兴起的几个文明都被"印度化"了,因为这些人都信奉印度教或佛教,遵从印度的社会礼节和文化价值,除了本地的语言外还普遍使用梵语。他认为,无论是吴哥王朝还是占婆国或是同地区的其他朝代都深受印度文化的影响。在他看来,这些王朝都是印度文化的延伸。

赛代斯研究了古高棉和印度尼西亚的数字,这几个"印度化"文明曾一度非常昌盛。他找到的证据显示,在数字出现在中世纪的欧洲前,就已经被这几个文明所使用了。他研究过的 8 世纪和 9 世纪的许多碑文上都有数字。在印度的研究中,还有很重要的一个数字:零。印度最早的零出现在瓜里尔。赛代斯于是就想,在这些"印度化"文明的遗迹里,经常有许多石碑被发现,那么能否在这些石碑中找到一个比瓜里尔更古老的零呢?与此同时,他还花了许多时间研究一千多年前于西柬埔寨发迹的吴哥王朝。

即使算上整个世界所有的教堂,吴哥窟也可以说拥有全世界最大的宗教建筑。这座巨大壮观且造型独特的印度教寺庙建于公元11 世纪,地点位于柬埔寨暹粒市附近。法国的巴黎圣母院也差不多在这个时间点完成。与众不同的是,吴哥窟面朝西,与其他东方寺庙的方向正好相反。这一特点困惑了研究学者好几十年。有一种解释称,这座寺庙是为了献给印度教中的西方之神毗湿奴而建的,故朝西。公元9世纪,吴哥窟的所在地吴哥城建成,因为在历史上被视作里程碑一样的事件,所以历史学家用这个时间点将柬埔寨历史分为三部分。

前吴哥时期:公元1世纪至公元8世纪。

吴哥王朝时期:公元9世纪至13世纪。

后吴哥时期:公元14世纪至21世纪。

在古代,吴哥文化的所在地其实还可以细分为一些其他独立或半独立的王国。在东南亚地区的王国叫做真腊王国,也就是现在的缅甸。现在的越南所在的地方当时称为占婆。9世纪的柬埔寨则被中国称为扶南(也称水真腊)。

和印度的克久拉霍一样,在高棉王朝消失后,吴哥窟也就渐渐荒废在了丛林中,直到19世纪再次被法国探险家发现,至少西方人是这么说的。1846年,法国传教士夏尔·艾米尔·布意孚(Charles Emile Bouillevaux)神父发现了这座被遗忘的传奇之城吴哥城和城内的寺庙吴哥窟。五年之后,法国探险家昂利·慕奥(Henri Mouhot)到达吴哥窟,并对这个区域里的高棉遗迹进行了详细的观察记录。

严格说起来,吴哥窟并没有很露骨的性感图像,不过寺庙里仍有着许多的半裸仙女浮雕,这些仙女也被称为飞天。在柬埔寨各处发现的碑文上都保留了许多和数字有关的信息,包括了日期、献祭的动物数量还有表示尺寸大小的长、宽、高。这样看来古代的东南亚的寺庙里到处可以找到性爱符号和数字。

赛代斯将自己对吴哥的研究整理成册,他出版了一本关于吴哥窟的书,书名就叫做《吴哥》。就算以现在的标准来看,这本书依旧是所有对于遗失的古代高棉文化的论述中最详细的一本。赛代斯认为,吴哥窟是达罗毗荼建筑的巅峰,这种建筑风格起源于几千年前的南印度。吴哥窟本身代表了须弥山(传说中是印度众神的家),因此可以说吴哥窟是众神寝殿在人间的模型。

语言学家认为,高棉语已经存在了几千年,比泰语出现得还早。东南亚的本土文化从很早期就已经非常先进。在一世纪左右接触印度文化之前,他们铸铜的技术已有至少 1 500 年的历史。2 世纪至 3 世纪期间,中国和印度的文化影响才在这里慢慢扩散开来,直至整个区域。中国的古籍中对这一地带有过记载:湄公河下游的地带称为扶南,更靠近内陆湄公河盆地的地区称为真腊。这些古籍是这一带文化唯一的历史记载,除此之外,并没有发现其他的考古证据。

公元 8 世纪,柬埔寨经历了严重的内战。但一个世纪后,被认为是历史上最伟大的高棉国王之一,阇耶跋摩二世统一了柬埔寨地区,开启了吴哥王朝的篇章。在接下来的四百多年里,吴哥文化影响了老挝、泰国和越南南部地区[①],很快就成为东南亚的主流力量之一。

赛代斯渐渐地将他的研究方向转向古代高棉寺庙碑文中对于数字的描述,他的研究目的就是找出一个比瓜里尔零还要更早的带有零的碑文。如果成功的话,他就可以反驳凯伊的研究,证明现代数字系统起源于印度或被印度影响的吴哥等东南亚文化。尽管他并没有找到这样的碑文,他还是发现并翻译了上百个古代柬埔寨的石碑。到了 1929 年,赛代斯迎来了数字历史上最伟大的发现。

在离金边东北三百公里的地方,有一群公元 7 世纪的庙宇。它们位于湍急的湄公河边上的树林里,现已是一片废墟。但是这里的寺庙艺术特征可以从其装饰风格中看出。从门楣至门道,都是用小巧的几何图形作为装饰。这种特色被人们称为"湄公河上的三波"艺术体。在金边的西北角,距离暹粒一百五十公里的地方,也有一个三波,叫做三波坡雷古,规模更大些,也有着属于自己独特的建筑和艺术风格。三波坡雷古建于公元 7 世纪,因此被归为前吴哥时期。

1891 年,法国考古学家阿德玛尔·勒克莱尔(Adhemard Leclere)在湄公河三波的大庞布雷寺庙(Tranpang Prei)中作业的时候,发现了两座用古高棉语刻的碑文。过了很久之后被乔治·赛代斯注意到。赛代斯将这两座石碑分别标记为 K‐127 和 K‐128(赛代斯习惯用 K 和数字来标记他研究过、出版过和编目过的碑文)。

赛代斯开始翻译 K‐127。这个碑文几乎完好无损。除了碑文的上端有一

---

① 较可信的现代来源有:Pich Keo, *Khmer Art in Stone*, 5th ed. (Phnom Penh: National Museum of Cambodia, 2004).

点破损,碑文的大部分内容仍然清晰可读。接着,他被他眼前发现的东西所惊呆了,他在这个碑文里找到了一个零! 根据所发现碑文的语言结构,这几座庙宇都被认定建于公元 7 世纪。这比吴哥王朝早了五百年,比瓜里尔的零早了整整两百年。K‐127 出土于将其保存完好的大庞布雷寺庙,但赛代斯不需要任何语言学分析就可以确定这个碑文的年份,因为这个碑文上自带了它的年份。上面刻着:

> 在残月的第五日,萨卡历来到了第 605 年。

赛代斯知道这里的萨卡王朝始于公元 78 年,所以根据碑文上的“第 605年”,也就是我们日历中的 683 年。尽管碑文上的文字和数字都是古高棉语,但赛代斯对这个语言已经相当熟悉,很快就译出了它的含义。碑文上的零是他所发现的最早的零,它清晰可见,形状上与印度的零只有些许的差别:印度的零是一个圈,这里是一个点。公元 683 年的 K‐127 比瓜里尔的零早了整整两个世纪,赛代斯终于找到了他梦寐以求的零。

赛代斯对于他的发现欣喜若狂,因为他知道这个发现将会改变人们对于数字发展史的认知。1931 年,他发表了一篇至今依旧被认为是划时代的文章。他的文章《关于阿拉伯数字的历史》发表在了《东方研究学院学报》上。[①] 这篇文章彻底扭转了当时对于印度-阿拉伯数字起源的猜测。

赛代斯写道:“凯伊坚持认为印度最早使用数字系统是在公元 9 世纪。”[②]但赛代斯在三波找到了反驳他假设的证据。在三波所发现的零比瓜里尔的零早了两百年,这个零尽管不是在印度发现的,但是在一个被印度化的柬埔寨村落里发现的。

在赛代斯的文章发表前,凯伊试图辩驳这篇文章的重要性。他认为,这只是一个特例而已,并不能代表全部。但赛代斯已经在他的文章里准备好了更多的

---

① George Cœdès, “A propos de l'origine des chiffres arabes,” *Bulletin of the School of Oriental Studies* (University of London) 6, no. 2 (1931).

② 同上。

证据。

在印度尼西亚南部苏门答腊岛的巨港,又有了一个重要的发现。1920年11月29日,在格度干武吉小镇的山坡上,人们发现了一个被磨得圆圆的石碑,上面刻着:"可喜可贺。在过去的萨卡604年,第十一日……半月……将船只数量增加到20 000艘……312艘来到了穆卡乌邦……"[1]

这里又发现了一个零。这个零要比柬埔寨的零晚了一年(因为柬埔寨的萨卡和印尼的萨卡相差两年)。这个石头上的碑文刻着第二古老的零,现在依旧在巨港的博物馆里展出。曾经在苏门答腊岛及其邻岛上盛极一时的印度化的文化已经消失殆尽,真正留下的古迹甚至比柬埔寨留下的还要少。

我们知道苏门答腊岛的萨卡604年就是柬埔寨的萨卡606年,二者的日历相差两年。这个发现给赛代斯更多的证据以证明印度化的零才是最古老的零,并成功反驳了凯伊和他的拥护者。

我被赛代斯的故事深深吸引。但我知道他所找到的刻有亚洲历史上第一个零的碑文已经遗失,我有可能再将它找回吗?

---

[1] George Cœdès, "A propos de l'origine des chiffres arabes," *Bulletin of the School of Oriental Studies* (University of London) 6, no. 2 (1931), 328.

第十一章

尽管希望渺茫，但我还是不死心，想要去寻找这座重要的石碑。我想要全世界重新将目光聚集在这块改变世界的重要石碑上，并重新展示这独一无二的历史发现，用它来驳斥 20 世纪早期那些亲西方的偏见，以防那些偏执的盲从者再来找麻烦。想要不重复历史，我们必须先要理解历史；想要记住历史，我们就先得见到这个世界上最早的零。我决心一定要找到这件遗失的文物。

我连夜赶稿，花了几周的时间完成了一份纽约斯隆基金会的研究申请。在申请报告中，我列举了这个发现在科学史中的重要性，并阐述了继续寻找和研究的迫切性。我解释了零作为一个概念和一个占位符在历史上有着举足轻重的地位，并描述了赛代斯如何发现并研究这个历史上最早的零、用这个发现来证明零的概念是从东方传入西方的。只是，现在这件文物已经遗失，重新找到并研究它对于考古学家、广大学者和普罗大众都有着非同一般的意义。斯隆基金会批准了我的申请，允许我去柬埔寨开始这项研究。

因为斯隆基金会的慷慨解囊，我于 2013 年 1 月上旬前往柬埔寨，开始了这项带我走进考古学、数学、艺术还有人类的阴谋和欺骗的艰苦项目。

在出发之前，我首先应该要熟悉一下东南亚的哲学、宗教和神学中关于无穷的概念。在高棉文化中,印度教神毗湿奴漂浮在一个无限大的海面上。这个海的概念就来源于一个人造湖,叫做巴莱湖,吴哥王朝之前就已经被开凿。在当地的神话里代表着史前无限大的海洋,毗湿奴躺在阿南塔的背上,漂浮在这个无边际的海洋里,在吉祥天女把他叫醒前,他一直沉睡着。然后,他的后代梵天从这一片史前的虚无中创造出了空间和时间。

事实上,对于这个故事我们或许有一些历史证据。元朝人周达观在 1296 年访问过吴哥,并写下了他的所见所闻。根据当地人对他的书的理解,他们认为当时有过一尊很大的毗湿奴雕像出现在巴莱湖,水从他肚脐中流出,象征着梵天的诞生。

但其实周达观描述的是一尊佛像。以下是他所记文字的一段节选,也是我们拥有的关于对吴哥文化的唯一一份历史描述。这些文字与当地的考古结果几乎吻合。

城郭:

(伯希和认为这座城市是耶输陀罗婆罗,它的名字来源于耶输跋摩一世,建于公元 900 年。周达观的描述与考古学家的发现惊人的一致。[①])

州城周围可二十里,有五门,门各两重。唯东向开二门,余向皆开一门……城之外巨濠,濠之外皆通衢大桥。桥之两傍各有石神五十四枚,如石将军之状,甚巨而狞……桥之阑皆石为之,凿为蛇形,蛇皆九头……城门之上有大石佛头五,面向西方,中置其一,饰之以金。门之两旁,凿石为象形……金塔至北可一里许,有铜塔一座。比金塔更高,望之郁然,其下亦有石屋十数间。又其北一里许,则国王之庐也。其寝室又有金塔一座焉……东池在城东十里,周围可百里。中有石塔、石屋,塔之中有卧铜佛一身,脐中常有水流出。(《真腊风土记》)

———————

① Chou Ta-kuan, "Recollections of the Customs of Cambodia," translated into French by Paul Pelliot in *Bulletin de l'école Française d'Extrême-Orient*, 123, no. 1 (1902): 137 - 177. Reprinted in English in *The Great Chinese Travelers*, Jeannette Mirsky ed. (Chicago: University of Chicago Press, 1974), 204 - 206.

或许这原来描述的是一尊毗湿奴像,这样就与梵天诞生的故事吻合。或许周达观是对的,这的确是一尊佛像。印度教和佛教在东南亚时而兴起,时而没落,就这样交替主导位置好几百年。

印度教中世界的破坏者湿婆在那个时期(也包括前吴哥时期)经常会和一头叫做南迪的公牛坐骑一起出现在艺术作品中。曾经在三波坡雷古发现一座7世纪的非常漂亮的南迪雕像,也是赛代斯所发现的零出现的时期。现在这座雕像在金边柬埔寨国家博物馆中展出。

毗湿奴的坐骑叫迦楼罗,是一只可以带他任意飞翔的神秘鸟。在印度教中也有天堂和地狱的暗示。阎摩是所有离世的人的管理者,他决定人死后是上天堂还是下地狱。在基督教中,天堂和地狱也是极其重要的存在。但在东方,这两个概念相对模糊。在印度教中还有些其他的神:提毗是被众人崇拜的女神;葛内舍事被认为会带来繁荣昌盛的半象半人神,许多印度企业家都崇拜他;苏里耶是太阳神,禅铎是月亮神,此二者都让人想到了先于印度教、佛教和耆那教的泛灵论的宗教。

这也让我们联想到了古埃及的太阳神拉(Ra),还有一些中美洲的宗教中,太阳和月亮都有着举足轻重地位。从埃及到苏丹整个地区,也就是古代埃及的北部和南部的所有地区,太阳神是众神之首。2011年,人们在苏丹尼罗河岸的麦罗埃岛上新发现了一座寺庙。人们粗略估计这座寺庙大约建于公元前300年至公元350年间,这座庙的朝向使得太阳光每一年只有两次正好直接照射进来。也因为这个原因,考古学家猜测这座寺庙是专属于太阳神拉的。①

不管怎么说,在印度教中有着很强烈的无穷概念,但在其他宗教中并没有这样的概念,至少不明显。

现在我们来看一下佛教。历史上,佛教在这一地区一直与印度教共存。佛教也起源于印度,在东南亚有相当多的信徒。吴哥王朝的国王,阇耶跋摩七世(1125—1218),也是一位重要的、具有影响力的高棉国王。他自己是一位虔诚的

---

① Ismail Kushkush, "A Trove of Relics in War-Torn Land," *International Herald Tribune*, April 2, 2013, 2.

大乘佛教的信徒,常常表达他对仁慈的佛祖的信仰,认为佛祖为人们减轻了痛苦、治愈了疾病。他将佛放在众神中间,保留了其他印度教神的辅助位置。那个时期的佛通常坐在七头眼镜蛇那伽身上。在佛教中没有神,佛向他的追随者给出生活的榜样。当然,就像我所提到的那样,佛教中最重要的概念是空,数学中零的概念很有可能来源于此。

耆那教是在印度和其他亚洲地区的第三大教。这个宗教关心的是人灵魂的轮回,教内的教条非常严苛。耆那教认为一个死去的人的灵魂会附着到任何一个生物的身体上,所以耆那教教徒不吃任何肉类,并且尽可能避免杀生,即使是再小的生命。他们在很早以前就对数学产生了兴趣(佛教徒也是如此,佛本身是一位数学家),并且对于很大的数字非常着迷。他们知道指数的概念,也知道指数增长极快(现在我们也会说这是指数成长,来表示一件事发生很快)。最早从公元前 4 世纪开始,耆那教教徒就反复思考十作为底数的幂数问题,譬如十的六十次方,这些在《巴迦瓦提》佛经①中都出现过。这三种宗教共同提到的概念一直到中世纪晚期才传到西方。这些概念有:零、无穷以及有限但极其大的数字。

于是我愈发相信这些极致的数字概念——零、无限、超大数——本质上是来自东方的想法。这些概念的成立需要一种东方逻辑和东方的思维方式。因为东方对于世界的不同观点给了我们现有的复杂的数字系统支点。我找到了更多的证据来证明这个假设。

我回去更加仔细地研读了龙树的作品,找到了以下段落:

> 诸法不自生,亦不从他生,
>
> 不共不无因,是故知无生。②

这是"是,非,均是,均非",即四句法逻辑的另外一种说法。林顿曾用拓扑来

---

① C. K. Raju, "Probability in India," in *Philosophy of Statistics*, Dov Gabbay, Paul Thagard, and John Woods, eds. (San Diego: North Holland, 2011), 1176.

② Nagarjuna, *The Fundamental Wisdom of the Middle Way* (Oxford, UK: Oxford University Press, 1995) 3.

分析过这种逻辑。但龙树在《中论·观涅槃品第二十五》中继续说道：

若一切法空，

无生无灭者，

何断何所灭，

而称为涅槃。

若诸法不空，

则无生无灭，

何断何所灭，

而称为涅槃。①

这里龙树又回到了空的概念。他的思想主要围绕着空，这与他对四句论的逻辑的关注也是息息相关的。龙树写了非常多与空相关的内容，因为他认为这是佛教里最基本的概念。也因如此，他将四句论的逻辑和空相联结。是不是这样的联结启发了我们绝对零的概念呢？

一行禅师对于空的概念则更加明确：

自由的第一扇门就是空

空意味着某一种清除

空是存在和不存在的中间地带

现实超出存在和不存在

真正的空是一种"奇妙的存在"，因为它超越了存在和不存在

对于空的专注是联结生命的一种方法，

但这必须要切实际，不能空谈。②

---

① Nagarjuna, *The Fundamental Wisdom of the Middle Way* (Oxford, UK: Oxford University Press, 1995), 73.

② Thich Nhat Hanh, *The Heart of the Buddha's Teaching* (New York: Broadway, 1999), 146–148.

在我仔细研究这些概念的时候,我觉得可以将上述经节这样解读:存在=1,不存在=-1,空=0。空是从不存在前往存在的门,就像零一样是从负数到正数的过渡,也是数轴上一个完美的几何对称的点。

现在我需要找到那个被遗失的东方零,如果它还存在着的话。1931 年,乔治·赛代斯用这个零在他的论文中击溃了凯伊。[1] 事实上,在这篇文章中,赛代斯提及了两个零:一个是公元 684 年来自印度尼西亚的巨港,另一个是早一年的来自湄公河岸三坡的高棉寺庙中的碑文。文章中在三坡发现的碑文被记号为 K-127。这个由赛代斯使用的 K 编号,将会成为我寻找这件文物的主要线索。

K-127 和巨港碑文的重要性在于,这两个零都出现在阿拉伯帝国诞生前,这样也就排除了任何由阿拉伯和欧洲经商所传入的可能性。因为没有任何一个欧洲的零比它们出现得早,这也就解决了零到底是东方人还是西方人发明的争辩。再加上这两个零的发现地都比印度还要东面,使得零起源于欧洲或阿拉伯地区的可能性变得更小。为什么不是在印度,而是在比印度还要向东几千公里的地方找到了比瓜里尔零早上两百年的零呢?想知道这些答案,我必须得先找到 K-127。

但是这件文物在何地无人知晓。赛代斯的文章里只有一个用铅笔拓印的高棉数字 605,其中的零由一个点来表示,但没有任何有关这件文物的照片。事实上,20 世纪 90 年代,大量文物被偷盗,比 70 年代所损坏的一万件还要多。行业里的专家默认,K-127 已经遗失。我有没有可能重新找回这个标志性的文物来证明人类史上最有智慧的发明呢?

我唯一知道的就是在 20 世纪 30 年代,大庞布雷石碑,也就是 K-127,曾经被放置在柬埔寨国家博物馆中,但并没有得到重视。1975 年,也就是乔治·赛代斯死后的第六年,博物馆被洗劫,许多文物都已经彻底遗失,或不知去向。我前往柬埔寨,踏上了寻找这块碑文的征途。

---

[1] George Cœdès, "A propos de l'origine des chiffres arabes," *Bulletin of the School of Oriental Studies* (University of London) 6,no. 2 (1931),323-328.

第十二章

在我从波士顿前往柬埔寨的途中,我先去了以色列看望我的妹妹。得癌症六年的伊拉娜没有接受任何西医治疗,但她看上去精神不错,她自己也这么觉得。这是一个天大的祝福,我很高兴听到这个好消息。这也让我重新转换角度,将注意力集中在了东西方文化的差异上。

西医认为,我们必须要积极抵抗癌症,因此经常使用一些有毒的化学物质和放射性治疗方案——这两种方法同时也把好的细胞杀掉,并且使得病人的免疫系统更加脆弱。东方的逻辑对待健康和疾病的态度就比较委婉、比较宏观,它并不建立在西方的科学和统计的基础上。东方医学会采用冥想、草药等更加自然的方式。至少对我妹妹来说,这招管用。我想起当时我认为伊拉娜的逻辑是不妥的,还特意买了本逻辑书来理解她为什么会这么想。但现在我认为,她是有她的逻辑的,只是不是西方式的直线逻辑。显然,她的逻辑赢了。

一天下午,我和伊拉娜一起出门去海法的港口散步,那里是我们父亲的邮轮每次回家后停靠的地方。以前在海港旁边的大门那里设置的旧海关已经不在了。"你还记得这里曾经是什么地方吗?"她问。我说我记得,并且有些惊讶它已经不在了。港口的新入口被移到了一个不太显眼的地方,而老海关房已经被夷为平地。

我们继续在大街上走着,一直走到旧港口的大门,那里曾经是许多游客在过海关检查处后必经的大门。那一栋陈年木头结构的海关房子总是闷热得难以忍耐。转了一个弯,妹妹用手指了指在卖 iPad 和 iPhone"山寨货"的大型电器商店。"不知道你还记不记得,以前他们卖过音响和无线收音机——那是那个年代的电器。"她回忆着。是的,我记得,我说。"这也是他倒卖他偷渡过来的东西的地方。"她接着说道。"谁?"我问。"洛齐。"她说,用着只有匈牙利人才能发出的口音。

"洛齐是一个走私犯?"我不敢相信地问。

"哦,你不知道啊?你想他为什么跟着我们父亲这么多年?这又不是他热爱的职业。他是为了钱才这么做的。"

即使父亲已经不再出海,妹妹还是和航海业保持着亲密的关联。她还在我父亲的老单位以星航运公司工作过。"船长的旅行箱是从来不会打开来检查的。"她说,"出于对他的尊重,你可能还记得的。洛齐作为船长的助理,负责把这些行李带进海关。当爸爸一个人在船上的时候,他有一个小包。他不需要任何大包,因为他的制服总是在船上,平时穿的衣服则在家里,他也不怎么买东西。但如果我们和他一起出海,总是会有几个大箱子,这时洛齐就会在妈妈最大的行李箱里偷塞东西,再让我们的行李入关,因为我们的行李从来不会被打开检查。过关后,他再把他藏的东西放在这家店后面的巷子里,然后在这里卖。这种情况持续了好几年。"

"妈妈知道这件事吗?"我问。我依旧对这突如其来的消息惊讶不已。

"还记得从小就一直陪着我们的意大利无线电收音机吗?你觉得这是从哪里来的?"我不知道,我说。"你所信任的数学老师洛齐曾经失误过一次:送我们回山上的家的出租车有一次太早到了,而行李箱又必须先放在车上。洛齐没有时间把他偷藏的东西拿出来。"

"太厉害了。"我说。她接着说道:"当然,他也从来没有要回那个无线电,因为他也不能。我想,妈妈觉得这是对他这么多年非法用她箱子的一个处罚吧。爸爸从来不听这些东西,也不知道他眼皮子底下发生的事情,不过他知道我们并没有花钱买这个无线电。洛齐赚了很多钱后,就回欧洲了。他现在应该还在那里吧,如果他还活着的话。"

这对我来说是很难接受的一个事实。我觉得很失望,一个我崇拜的数学家,一个教了我这么多知识并且让我爱着数字的人,其实是一个走私犯?我无法相信这个事实。但我知道我妹妹说的是真的,她清晰地记得许多我们在船上生活的细节,甚至可以重现我早就遗忘的童年的日常景象。那一天晚上,我睡不着。我就要搭飞机前往东方,开始数字起源之旅——这一旅程是受了一位我以为的伟大人物的影响。洛齐真的是走私犯吗?那一夜我不停地反复地问自己。

第二天早晨醒来,我认为我所得到的新资讯并不会改变我一生的追寻。洛齐的人生或许有他的阴暗面,他跟着我们一家几十年的时间只是为了贪图职位方便让他可以走私赚钱,但他还是一个优秀的数学家,一个男孩的好导师,我依旧因此而感激他。无论洛齐是什么样的人,我都会继续我的征程。寻找零的任务比他重要得多,而现在这个任务仅仅属于我一个人了。

没过几个小时,我到达了特拉维夫的本·古里安机场,准备好登机继续我的征程。我努力将伊拉娜前一天告诉我的事情抛在脑后,集中精神在眼前的任务上。

第十三章

十个小时后,我降落在曼谷。二十七年前,我和黛布拉来曼谷度蜜月。那个时候,机场还很小,航站楼只是一栋很小的建筑。这次来让我大吃一惊:曼谷现在已经拥有了全世界最先进的机场之一——素万那普国际机场。过海关简直就是一次摄像头和现代技术的高科技体验。

我提着行李箱,搭上了最新建成的连结市中心和周边地区的轻轨进城。这条高十五米的轻轨架在曼谷拥挤街道的上方,将我从机场带到了酒店门口。我住在香格里拉大酒店,位于湄南河东岸。湄南河是这座城市的主要水源,连接了城市的南北地区。

早晨,我离开酒店,沿着河岸向北步行。街上到处都是贩卖食物的小摊贩,走路都变得困难,还有烤肉、鱼干、煎洋葱、大蒜和各种辛香料的味道。每个泰国人不是向我卖吃的东西,就是兜售冒牌的劳力士手表或色情碟片。

几个交叉路口后,街上渐渐安静了下来,只能听到一些突突车偶尔经过。一位司机停下来问我:"先生,你要去哪里?"我摇了摇头,示意他我想自己走。我转进一条巷子,发现自己身在前法国殖民区。如今的法国领事馆还在一栋 20 世纪 20 年代的历史建筑里,三色旗骄傲地飘在湄南河上方,或许在怀念着法国曾经的殖民时代。

以领事馆为中心，方圆几公里内都是前法国殖民区。单看建筑，这个地方从20世纪以来就没怎么变过，想当年乔治·赛代斯也是步行经过这些街道去上班的。

赛代斯通过自己在文化领域的工作和一些私人关系同泰国贵族走得很近，这使得他可以在这个区域进行重要的考古工作。更不用提泰国王子是他最好的朋友之一，他自己也与柬埔寨公主结婚。曾经有一段时间，赛代斯是泰国国家图书馆的负责人，同时还任职于许多文化学术机构的董事会。在中南半岛所发现的考古文物对他来说都唾手可得。

赛代斯的一生翻译了好几千个古高棉语和梵语的石碑及其铭文。在东南亚历史和考古学领域，赛代斯无疑是世界级的大师。他说话声音不大，但却很权威，这些之后都会帮助他改变数字史。

曼谷文华东方酒店坐落在湄南河东岸，是曼谷历史最悠久、最著名的酒店。在文华东方酒店的后方，我终于见到了我此行的目的地：赛代斯的办公楼。这是一栋保存完好的法国殖民时期的建筑，有灰色木质阳台和我们现在能在加勒比海见到的法式百叶窗。赛代斯的办公室就在这栋楼里。我走了进去，大堂内带有铁质栏杆的楼梯着实很有创意。

这栋楼曾经主要用来办公，现在大多是画廊和一些艺术品代理商的办公室。他们展出的艺术品中，有来自缅甸的雪花石膏佛像。这是一尊17—18世纪白色不透明的悉达多雕像，描绘的是他从天堂之旅返回人间的情形，这尊雕像上的微笑和那些从缅甸寺庙里盗取的雕像上的微笑是一样的。展出的艺术品中还有来自柬埔寨的砂岩头像，这些被认为是货真价实的吴哥时期的毗湿奴、湿婆或阇耶跋摩七世的雕像（这些雕像，如果是真品的话，要么是在20世纪70年代法律明文禁止文物出口之前得到的，要么就是从柬埔寨偷渡出来的）。除此以外，还有许多泰国和老挝的木质、铜质或镀金的佛像。

在这栋楼里看上去最好的艺术品代理商——慕欧画廊（Galerie Mouhot）里，我遇到了画廊老板，一位叫做埃里克·迪欧（Eric Dieu）的比利时人。他穿着红色裤子和橘黄色开领衬衫，手上戴着一块金表，我认出来这是一款相当昂贵的瑞士表。他好像很高兴我注意到了这点。显然他是一位成功人士,但同时知识也相当渊博。每当我问他一件展品的时候,他会拿出一本旧的艺术书,然后从这些官方的艺术导览中向我解释这件展品的历史。他告诉我,他基本只和其他代理商或博物馆做生意,和我说话显然只是出于他对于这些地区的艺术文物的热爱而已,并不是因为他觉得我会买些什么。我很好奇像他这样一位专业的艺术品代理商对于我要寻找的碑文会有什么看法。

我告诉他,我来东南亚是为了解答一个问题。"我在寻找一件非常重要的前吴哥时期的碑文,上面的内容影响着整个数字史,"我解释道,"这个碑文是在19 世纪后期在湄公河的三坡找到的。"

迪欧先生转向了放在一排排雕像和艺术品后的整齐的书架。他找了一会儿,然后拿出了一本大开面的《七世纪三坡艺术导览》。他快速地翻了翻,找到了一些那个时期的碑文,但都不是我要找的那个。接着,他坐下来想了想,又看了看书,找到了柬埔寨暹粒一家博物馆馆长的名字。他把名字写了下来递给了我:查罗恩·陈。"我会从他开始,"他说,"这个人可能会知道那个已经遗失的碑文K - 127。"

这是一个很好的起点。在我离开回饭店的时候,我提醒自己上网去找一下柬埔寨这家博物馆馆长的电子邮件或通信地址,这家博物馆馆藏了许多和赛代斯找到的 K - 127 同时期的类似碑文。同时,我想或许我也能在赛代斯身上找到一些有用的信息:譬如一些旧信件或笔记中也许会有关于碑文的线索。第二天,我特意去了法国领事馆,接待员彬彬有礼,但却没能提供什么有用的信息。

我找遍了曼谷,但一无所获。幸好,在网上我找到了暹粒博物馆馆长的电子邮件,我向查罗恩写了一封邮件寻求他的帮助。但还是很懊恼没能找到更多有关乔治·赛代斯的线索。

第十四章

赛代斯不只是住在繁华热闹的曼谷,在我访问过的漂亮大楼里办公,他还在野外寻找碑文用来翻译和学习。他的足迹遍布柬埔寨、老挝、越南还有泰国乡村,其中还有柬埔寨首都金边,是他和妻子居住的地方——他的妻子是国王的侄女。在他职业生涯里最高产的那几年里,他都住在北方的城市河内。在那里,他是法国东南亚研究机构法国远东学校(EFEO)的负责人。我在曼谷待了几天后,便搭乘航班飞往河内。

我是差不多在午夜十二点到达河内机场的,排了一个多小时的队才拿到了签证进入这片土地。坐在一张巨大的铁锤和镰刀图案下一脸严肃的边境工作人员提醒了我越南依旧是一个社会主义国家。还有房间里刺目的灯光让我想到了在旧电影里克格勃审讯的房间。我的护照上终于盖上了一个越南入境章,我离开航站楼,坐上了一辆出租车,开始了一个小时的车程。我们行驶在几乎没有铺过的路上,周围一片漆黑,完全看不清四周的路。通常,我对于陌生的地方不会感到害怕,但是这极度的黑暗和诡异的静寂让我有些不安,我完全不知道我们要开向哪里,只得依赖这位既不会说英语也不会法语的司机,但愿他不要把我带到荒山野岭里抢劫或杀人。一路上,司机都没有说话,一个小时后,由高高宽宽的围墙围起来的公寓住宅区映入我的眼帘。接着,我们又穿梭在大街小巷中,只有稀稀拉拉的几盏路灯。

终于,我们在一栋巨大的建筑物前停了下来,这里是旧城区中的法国歌剧院。现在是一个由法国人经营的酒店。高大的大理石柱撑着房顶,中间是通往大厅的玻璃门。睡眼惺忪的服务生为我打开了出租车门,拿了我的行李。我松了一口气,把钱给了司机,走进大门。

这家东西结合的酒店有着西式的设施和东方式的服务。早餐是自助餐,供应西式麦片和鸡蛋,还有越南米粉和传统的鱼饼。服务员经过我桌子时听到了我是从哪来的,便小声说道:“本·拉登是好人。”我觉得走在哪里都可以感受到类似的反美情绪。

我走路经过河内法国殖民时期的市中心,寻找赛代斯曾经在法国远东学校的办公室。这座 19 世纪 60 年代的建筑依旧在那儿,但法国文化组织已经不在了。我询问过的人中有一位给我提供了一个住在越南的法国人的名字和住址,说他可能手头上还有一些当时没能送回法国的文件。

我搭了一辆出租车出城,经过的田野中有放牧的水牛和戴着传统草帽耕地的农民。最终,我们到了一条水流缓慢的小河前,一位力气很大的年轻女人划船把我带到了皮埃尔·马尔塞(Pierre Marcel)和他妻子居住的小村庄里。皮埃尔是一位中年男士,人不高但挺结实,脸上有雀斑。他为人和善,但在他法式的健谈背后总有着一道防护墙。他是谁? 他在这乡野间做什么? 我猜想他可能和法国安全部门有关,他可能在监视着这个几十年前法国不得不放弃的殖民地,也有可能是前天晚上的出租车之旅搞得我神经兮兮,让我胡思乱想。

午餐时,皮埃尔和他的妻子请我吃了传统的鱼饼和米粉。然后,他拿出了一个旧的纸板箱,里面都是已经泛黄的文件。我在里面翻了一会儿,找到了赛代斯当时要发表的文章的附信。这不是什么重要的发现,但能找到和赛代斯有关的文件原件,就算不是和 K - 127 直接相关,我也很兴奋。

我跟皮埃尔表明了我的来意,他说:“如果是湄公河畔的三坡,那么有一个住在金边的英国人或许可以帮到你。他对这个考古点非常了解,他可能会知道这个从三坡出来的石碑去了哪儿。他的名字是安迪·布鲁维尔(Andy Brouwer),

你在网上搜他的名字就可以找到他的电子邮箱地址了。"我留下来喝完咖啡,回到了我的船上。船的主人在村庄里和她认识的朋友吃完午饭后,就一直在河边等我。

回去的路程要长一些,因为我们是逆流而行。途中我们看到许多停在河岸边树枝上的鸟——大多是在觅食的翠鸟和鹤,还有河岸两边苍翠繁茂的植被。回到村庄里的大路上,我花了半个小时才拦到了一辆出租车。司机板着脸,不怎么说话,也几乎不会说英语。回河内的路就一条,路上很堵。想要超过一辆车或牛车是一件很麻烦的事,但我们又不得不这么做,其间还差点被一辆想超我们的车逼进溪谷中。我开始质疑这次的寻找之旅是否值得我卖命。但我坚定地告诉自己:一切都是值得的,我一定会找到遗失的碑文。第二天,我回到了繁华的曼谷,开始为之后的柬埔寨探险之旅做准备。

第十五章

我在曼谷又待了几天，一边处理之前堆积的电子邮件，一边寻找安迪·布鲁维尔的踪迹。很幸运的是，他有一个非常详细、设计精美的网站，上面提供了不少鲜为人知的柬埔寨考古点，看上去那些都是他去过并津津乐道的地方。从他的博客中可以看出，他是一个好交际的人，乐于分享他对柬埔寨这个国家和其宝藏的了解。他回复了我的咨询邮件，并愿意和我见上一面，所以我买了一张去金边的飞机票。

第二天，我和曼谷闪闪发亮、钢筋水泥的高楼大厦告别，飞到了空气中弥漫着一层薄雾，都是矮平房的拥挤金边。我下榻于城市西南边的洲际酒店，拨通了安迪·布鲁维尔的电话。在他的提议下，我们约在瓦朗卡和278街的交叉口吃晚饭。对我来说，这些路名听上去都有些奇怪，但金边的路名都是如此。

我从饭店打车，司机很快找到了路。瓦朗卡是一个旧的佛教寺庙，位于湄公河和洞里萨湖的交汇处，皇宫和其他几个主要的纪念碑也在那里。278街上都是一些专为游客开的咖啡馆和小餐馆，卖一些啤酒和肉饼。我早到了一个小时，所以想去寺庙看看，在大多数的东南亚语言当中"瓦"（Wat）就是寺庙的意思。寺庙四周围着白色高墙，寺庙的顶是红色宝塔形状的，和泰国18—19世纪的寺庙很相像。

寺庙的入口很大、很宽。在一座佛像旁边，有几位身着藏红花色的僧侣正在专心祭拜，没人注意到我这个老外。参观完毕后，我穿上鞋子走了出去。在主塔楼的周围排列着大约五十尊木质的小佛像，但丝毫没有任何艺术性，这和泰国卧佛寺中引人注目的巨大金色卧佛完全不同。

离开寺庙，我再次回到 278 街。从酒吧中传来震耳欲聋的西方摇滚音乐，还有一些游客在喝着热带饮料。再往前走点是一个礼品店，里面卖的都是在亚洲随处可见的花哨纪念品，譬如金属或木制的佛像、吴哥窟的雕刻品、印度教神头像的石头仿制品。我在四周转了几分钟，就又接着往前走，发现了一家不知名的小酒店，还带着一个酒吧，高高的天花板上吊着电扇，家具是木质的。我走了进去，点了一杯吴哥啤酒和一些花生。几位法国和德国游客坐在酒吧外面的桌子旁，享受着黄昏的太阳。

日落后，街上慢慢变暗。我重新回到瓦朗卡和 278 街的交叉口，立马看到了一个中等身高、淡色头发的西方人站在那里。他看了看我，问："阿米尔·阿克泽尔？"我说是的，他跟我握了手。"你好，我是安迪·布鲁威尔，"他说，"你现在想去哪儿？"我说这是他的地盘由他决定，他就推荐我们去一家他喜欢的餐厅。我们走了一段路，马路上交通信号灯变绿的瞬间，一大片的摩托车向我们冲来，我差点被撞。安迪则很淡定，看来他已经很习惯这里的交通了。在第二个转角处就是我们要去的餐厅。这家餐厅提供各式各样的西餐和柬埔寨食物。

我们坐了下来，开始点餐。"我是从英格兰来的，"安迪说，"老家在伯明翰和布里斯托中间的一个小镇。"我告诉他那一带我熟悉，又问他为什么来柬埔寨。"我在银行干了三十一年，我是十六岁开始上班的。一直以来都幻想可以打破常规来到柬埔寨。是的，非柬埔寨不可。90 年代的时候，我开始来到这里，过着一个月在天堂、十一个月日常工作的生活。过了几年，我决定要一直待在天堂里。"所以安迪搬家到了柬埔寨，开始在一家旅行社上班。平时，他还兼顾着自己的另外两项兴趣：野外探险和足球。

我告诉他，我正在寻找一个碑文，最初是在湄公河的三坡找到的。赛代斯曾经研究过，但现在已经不知去向，甚至很有可能已经被毁了。安迪说："我曾经自已找到过一个碑文。"

我惊讶地看了看他,他继续道:"我曾经在吴哥北部三十公里的地方探险过。我的一个朋友在古董店买了一张 19 世纪初法国制造的地形图,根据这张地图,那一带还有一些未被发掘的遗迹。你知道的,当时法国人画了各种地图,并对他们发现的东西做了记录。但五十年代他们离开柬埔寨的时候,这些东西不是丢失了就是被带回欧洲了。我和我的摩托车司机用这张地图导航。我和那里的村长聊过,他告诉我,他和他的村民们并不知道那块地方有任何寺庙的遗迹,但如果我找到些什么的话,让我告诉他。他还让警长和我一同前往。

"那里四周都被植被层层覆盖了,就是一个未被开发过的森林,人们应该有一百多年都没有到过这个地方了吧。我们不得不用砍刀一米一米地前进。到处都是蚊子,还有一条眼镜蛇在我们眼前滑行而过。路非常不好走,但这就是我喜欢的。几个小时之后,我们到达了地图上所标示的寺庙位置。不出所料,我们找到了好几座古代寺庙遗址:古老的砖块堆积在地上,有些墙已经颤颤巍巍,石头做的门道上有雕刻,还有一个可能是古时候寻宝者留下来的洞。我们席地而坐,心里有种成就感。互相聊天的时候,坐在我对面的人用一根木棍敲地板,我意识到这个声音是敲击石板的声音,所以我叫他不要敲了。当我弯下腰将他脚边尘土拂去的时候,发现地上有一块大石头,上面刻着古老的文字。那上面可能有零吧,我也不确定。"

"零其实挺难找的,"我说,"那块石碑是什么年代的? K‑127 是 7 世纪的。"

"那个比较晚,"他说,"这些寺庙是在吴哥时期建造的,差不多 9 世纪、10 世纪的样子。回去之后,我告诉了村长我们的发现,他做了记录并向权威机构汇报了这件事。几年之后的一天,国家地理频道上播着古代历史节目,内容就是这位村长跋山涉水找到了那寺庙群的遗迹并且'发现'了我发现的碑文!"这样做真的很不道德,我说。但安迪说:"至少村长没把这事儿忘了,至少他叫了人去找那个地方。现在他们又多了一个碑文。"接着,他滔滔不绝地跟我说了他其他的冒险经历,譬如有一次,他们找到了一座寺庙废墟,因为景色非常迷人,周围的森林又很茂密,认识他的派拉蒙影业老板在两周内就赶来了柬埔寨要做初步研究。一年后,他们在那里拍摄了《古墓丽影》。

安迪·布鲁威尔在柬埔寨丛林探险中

"你觉得要如何找到K-127呢?"他结束了那个故事后,我问。

"我认识一些人,"他说,"让我打几个电话,我会发邮件给你。相信肯定会有人能帮上忙。"

"还有一件事。"我说,"我想要见一些修行高的佛教僧侣,向他们请教空的概念。我觉得数字零可能就来源于佛教中的空。"

"这个想法很有意思,"安迪说,"我知道一个绝妙的地方能够给你答案。那就是老挝的琅勃拉邦,那里有很多的寺庙和僧侣。我建议你去那里看看。"

我向安迪道谢后,打电话给我的司机,他在几辆汽车、几十辆突突车和成千上万的摩托车中把我送回酒店。回到酒店打开电脑,安迪已经发了邮件将我介绍给他一个懂古董的柬埔寨朋友罗塔纳克·杨。不一会儿,杨发了邮件给我,说是之后会告诉我有关K-127的信息或是知道K-127有关信息的人。他还说,在20世纪20年代和30年代之间,我所寻找的碑文的确曾经在金边的国家博物馆中展出过。这和赛代斯的描述一致。但之后,这个碑文就被送去其他地方了,至于去了哪里,他也不知道。

第二天,我出发去柬埔寨国家博物馆参观,大皇宫和一些河流也在附近。

门口的牌匾上介绍说这家博物馆于 1920 年建立,开幕式是由当时在柬埔寨的法国统治者主持,柬埔寨国王也在场。我觉得这多少有些悲伤和看不起人的意思。我从来无法理解一个欧洲强权是如何来到东南亚,坐着船,带着数量有限的士兵,然后占领了这片土地和生活在这里的几百万人口。这一切之所以会发生都是因为拿破仑侄子对于殖民的野心,也就是人们熟知的拿破仑三世大帝。

作为当时民主选举产生的法国总统路易・拿破仑・波拿巴(Louis Napolean Bonaparte)自导自演了一场政变,顺利称帝。在他的命令下,法国军队在 1865 年占领了当时中南半岛的大片土地。但五年后,他就跪倒在了袭击巴黎的普鲁士人面前。我经常想起关于这起事件的一个笑话:"先生,要十万人的桌子吗?"

不过话说回来,法国也贡献了像乔治・赛代斯这样的人,为这片土地付出很多,同时也让我们更加了解这里的历史和文化。在博物馆的一些展品中,也提到了他的名字。在博物馆出口的牌匾上列出了历年馆长的名字和照片。其中一位是几年前才离任的哈布・图其先生,也是我之后还会再碰到的名字。这个曾经辉煌的博物馆一度变成了一个十足的垃圾场,蝙蝠、鸽子和其他动物在这栋被遗弃的建筑里筑窝,到处都是它们的粪便,是哈布・图其先生和他的同事们成功地重建了这座博物馆。

柬埔寨国家博物馆现在是全世界最好的博物馆之一。在这里展出的雕像,无论是来自吴哥、三坡还是柬埔寨的其他地区,在全世界范围内都是绝美的。这里有四臂或八臂的毗湿奴像,有第三只眼的湿婆像,还有一尊独一无二地朝向东南西北四个方向的四面梵天像。不仅如此,我们还可以在这里欣赏到俊美的南迪牛雕像、三位印度教神的伴侣像、飞天女神像,还有在中南半岛地区随处可见的仙女像。馆内超过半数的雕像是来自各个地区、各个时代的佛像,通常以坐在他的九头那伽蛇身上的形象出现。而那伽的形象可以在柬埔寨各地的博物馆中找到,吴哥窟入口处的两边就是由九头蛇引领游客进入这座神奇的寺庙的。

在金边并没有太多的收获,我回到了我寻找 K－127 的大本营曼谷,在那里等待可以给我更多信息的电子邮件或是电话。寻找变得越来越困难，因为我必须仰赖陌生人的善意来帮我牵线搭桥。我需要极大的耐心去等这些我不认识的人按照他们自己的节奏来联络我，但毕竟他们也是出于自己的善心来帮助我这位来自另一个大洲的研究学者。

第十六章

在等待更多有用信息的同时，我听取了安迪·布鲁威尔的建议，准备去老挝寻找佛教中关于空的解答。我打电话给在波士顿的黛布拉，让她向麻省理工学院请了几天的假。她飞行了二十五个小时，在东京转机，最终来到曼谷和我碰头。我们有好几周没见了，之前从没有分开过这么长时间，我迫不及待地想见到她。我们在香格里拉饭店过了一晚上，第二天去机场搭乘曼谷航空的班机前往琅勃拉邦。尽管对于我来说，这是一次公差，但黛布拉知道我们可以在异国他乡一起待上一段时间，便很愿意陪我。她也毫不吝啬她的时间来帮助我完成我的研究。

琅的意思是首都，勃拉邦是一个佛像的名字，打造于一世纪，是当时斯里兰卡送给老挝国王的礼物。这尊雕像现在还在琅勃拉邦国家博物馆展出，尽管现在老挝已经没有皇室了。

从曼谷飞琅勃拉邦大约两个小时。飞机要着陆的时候，我们就已经可以看到许多红色宝塔顶的寺庙了，它们掩藏在茂密的植被中，被热带雨林和棕榈树包围着。下飞机后，我在这些树中认出了榕树、大甘巴豆还有龙脑香树。这些树可以长到六十米高，通常被青苔覆盖着。

我们于 2013 年 4 月 4 日抵达琅勃拉邦机场。黛布拉很快过了海关,在大厅那头等我。我把我的美国护照递给了海关人员,那人盯着看了好久,接着走出了他的工作亭,对我说:"跟我来!"他注意到黛布拉在等我,便说,"你老婆也一起来吧。"

他将我们带离其他的入境旅客,来到了另一个私密房间,房间的窗户被窗帘遮了起来。另外一位工作人员坐在里头的书桌边,正在读报纸,头也没有抬,嘴上露出了一丝坏笑。那位带我们前来的海关人员将窗帘拉紧,随后说:"请坐。"他假模假样地给我们倒了咖啡,但很快就直达主题。"我们要求护照必须还有至少六个月的有效期,但你的护照还有五个月就过期了。这会产生很大的问题。"他看着我的眼睛说,"你必须支付两百美金。"我惊呆了,但我知道除了付钱以外别无选择。如果我拒绝的话,可能会无限期地滞留,或者搭下一班班机遣返,机票还得自己自掏腰包。

我看了看黛布拉,朝她眨了眨眼,意思是我知道这是官员的贪污行为。我拿出钱包,找出了两张一百元美钞,递给了那位工作人员。"我出境的时候不会有什么问题了吧?"我问。

"不会的,不用担心。"他说着,便让我们出了房间,他回到了他自己的工作亭,在我的护照上盖了章,还带我们出去叫了出租车,殷勤地向我们解释要搭哪种出租车才不会被宰。这实在让我对这个国家的第一印象很不好,尽管这趟旅行还是很有收获的。

出租车把我们带到了吉利达拉酒店,酒店坐落在一座仰望琅勃拉邦市的山坡上。在我们进入敞开式的大厅入住前,先在酒店精心修剪的花园里逛了一圈。在那里,只要深吸一口气,就可以感受到强烈的、甜甜的茉莉香,还有其他一些我们说不上名字的花香。远处却飘来一股淡淡的田野烧焦的味道,气味有些刺鼻,但不难闻。入住后,我们喝了几杯老挝茶,就是住在高原的当地人会喝的那种。第二天早上,我们就进城了。

琅勃拉邦是一处瑰宝,城市里还完好地保留着法国殖民时期所留下的建筑,所有的房子还是一百年前的样子,这在亚洲的城市中算是少有的。两层楼的房子二楼是阳台,上头的木质百叶窗被漆成白色或淡蓝色;底楼是生活区域,朝向大街的法式大门和高高的吊顶风扇让人想起了电影《卡萨布兰卡》。这里的法式咖啡馆与巴黎无异,你可以享用新鲜出炉的牛角面包和好喝的咖啡。

　　街边各式各样的建筑混杂在一起,有卖当地手工艺品的高档商店,有一些餐馆,也有提供附近丛林和湄公河一日游的旅行社。湄公河的支流南康河上的桥是用单薄的竹子做的,街上主要是突突车、游客和穿着袈裟的和尚。到了晚上,这里就变成了一个市场,有当地的小贩和从偏远村庄赶来的村民在这里卖老挝丝绸、手工首饰和瓶装眼镜蛇。一家当地餐馆的招牌菜是水牛肉、鹿肉和鳄鱼肉。

　　我和黛布拉没敢去品尝这些山珍海味,而是点了一份蔬菜咖喱饭。这里的咖喱比印度的咖喱要好吃。我们开始聊起了这个项目。"如果 K-127 已经不在了,你打算怎么办?"在我们吃完了焦糖布丁甜点后,黛布拉小心翼翼地问。

　　我想了想,说:"我一定会找到它,就算这意味着我这辈子都要待在东南亚。"

　　"如果这样的话,我们可能要让米丽亚姆转学搬到这里?"她微笑着说,"不过话说回来,如果我们继续待下去的话,还需要贿赂多少次?"我们都笑了。但我知道,她是支持我并相信我会成功的。尽管没有任何客观的理由,我们两个都对此很有信心,哪怕 K-127 现在已经只是一堆破石头。黛布拉知道这个项目对我意义非凡,她对我坚定不移的支持让我感动。但当时我们俩都不知道最后的结局会是怎样的不堪。

　　我们来老挝的主要目的是探访在这些东南亚古老寺庙里精研教理的和尚。我们来到了历史最悠久、建筑风格最别致的香通寺。这座寺庙建于 1565 年,尖尖的木质寺庙塔顶上用精致的玻璃拼花和镀金的装饰品来修饰。我们在寺庙前的空地上漫步,寺庙的一边是湄公河,另一边是城市。和尚们三两成群地在走路或聊天。趁着黛布拉在拍照的时候,我问了其中的一位和尚,并解释了我们的来意。

　　我们被带到了寺庙里德高望重的和尚面前,他正在旧庙的佛像边打坐。我脱鞋走了进去,坐在边上的木板凳上等。等到他打坐完毕,我向他介绍了自己,然后便提出了我的问题:"佛教中的空的意义是什么?"他看了看我,想了想,回答说:"万物非一切。"

　　这是一位智者深思熟虑后给的答案,不能去浅显地理解。他没有词不达意或有语言上的障碍,这就是他想要表达的意思:"万物非一切。"我仔细思考了这句话的含义,我觉得我想明白了。这个概念源于东方,但在西方才被详尽地解释。可能对于东方人来说"万物非一切"是显而易见的。对于西方人来说,就需要一些时间去消化才能完全理解其中的深意了。

想要理解这句话的意思,我们先得看一下英国哲学家和数学家伯特兰·罗素(Bertrand Russel)的理论。在 20 世纪初,罗素证明了宇集是不存在的,也就是说,我们无法将所有元素都放在一个集合里,使得集合外没有任何其他元素。在任何一种集合中,总有元素在集合外。

这一数学概念对于宇宙的结构有着深远的影响。它说明了,宇宙并不包括所有。罗素在证明这一理论的时候给出了以下巧妙的论据。他说:"我们来想一想那些包括自身的集合和不包括自身的集合。"譬如,包括所有狗的集合并不包括自身,因为该集合不是一条狗。

但是包括所有不是狗的集合就包含了自身,因为该集合本身也不是狗。接着罗素问:那么那些所有不包括自身的集合的总集合呢?这个总集合是否包括自身呢?如果是,那么按照定义,它应该不包含自身,如果不是,那么它的确包括自身。

罗素用这个悖论揭露了当时正在兴起的集合论的一些问题。我们现在知道,集合论和龙树的逻辑及四句论是有出入的。我们也看到了林顿利用格罗滕迪克的基于类别而非集合的理论来避免这些问题。所以这位和尚告诉我的非常有道理。"万物非一切",你认为万物包含一切事物,但事实上总有一些事是在万物之外的。它可能是一个想法,或是一种空,或是某一种神学的角度。没有什么是可以包揽世间万物的。这真是一个绝妙的想法。

和尚继续说道:"坐这里。"他边说,边递给我一把三十厘米高的小板凳,板凳上有刺绣的坐垫,四条板凳腿是木质的,小小的。我在他旁边坐下。"在我们冥想的时候,"他说,"我们会数数。"他专注地看着我。"我们闭上眼睛,只沉浸在当下,没有其他杂念。我们吸气——一,吐气——二,就这样吸气、吐气。当我们停下来,不数的时候,这就是空,是数字零。"就是这个,我心里想:佛教的空和数字零合二为一。

我开始慢慢理解我来这里的收获。数字零这个概念的源头,来自佛教的冥想。只有这样深刻的反省才能与绝对的空画上等号,没有这种思想就不可能产生零。

和尚接着说:"我们出生、成长,成为某些数字。等我们死后,那个数字就变成了零。这是冥想的秘密,也是生命的秘密。"我坐在那个不太舒服的小板凳上想了好久,细细品味那位智者说的话。我谢过他后,便离开了。

我走到了寺庙的中庭,在那里碰上了一群欧洲游客,正大声地用法语、意大利语和德语交谈着。在他们中间,有一位高大的白人男性,穿着黄色的袍子,留着长长的白色胡子,绑着马尾辫。很难不在人群中注意到他。我走到他身边,开始很随性地聊起了刚参观过的寺庙。最后,我问他:"佛教的空对你来说有着什么样的意义?"这是我对于这位穿着打扮都很东方的西方人最好奇的问题。

"我不是佛教徒,"他回答,"我信印度教。我来自法国贝基耶,但在清奈住了四十一年,以前那个地方也叫马德拉斯。"

"是,我知道马德拉斯,"我说,"那你来佛教寺庙做什么呢?"

"就是来参观一下,"他笑了,"我现在暂时住在这里。我叫让-马克。"他朝我笑了笑。

黛布拉看到我在和他说话,就在一边等。我问让-马克印度神的意义。"我相信,"他说,"神不在天堂。你看,湿婆在我里面,也在你里面。"

"那我们都是世界的破坏者了?"我问。就在那个时候,那群游客开始注意到了这位穿着袍子又和其他佛教徒有点不一样的男人。他们都朝他拥了过去,问他问题。他后来没来得及回答我。我走到黛布拉那边,告诉了她我们的对话。

"你可能还会再碰到他呢,"她说,"他看上去知道很多有意思的事情。"我们走回了市中心,在湖边的咖啡馆买了点东西喝。

第二天,我和黛布拉在街边散步的时候,在一家商店里碰到了让-马克。他和他年轻的印度同伴在一起。他们正在买两座彩色的佛像。"你信错教了吧?"我问他。他笑了。我又把话题带回了我们之前被打断的地方,关于湿婆在我们心里的事。他说:"湿婆的确无处不在,他可以在我们任何一个人的心里。"这让我想到了一个恰当又有些悲剧性的例子:罗伯特·奥本海默。在 1945 年 7 月 16 日的凌晨,正当第一枚核弹在距离他和其他科学家几公里远的新墨西哥州沙漠中成功引爆的时候,奥本海默悲伤地引用了印度史诗《薄伽梵歌》中关于湿婆的诗句:"我成了死亡,成了世界的破坏者。"

"所以你对佛教感兴趣。"我指了指他手里买的一座红色、一座绿色的佛像,说道。

"是的,非常感兴趣,"他说,"东方的宗教都互相有着紧密的关联。譬如,吴哥窟最初是供奉毗湿奴的印度教寺庙,在寺庙顶端曾经发现了大量 10 世纪左右的毗湿奴像,但现在吴哥窟成了一座佛教寺庙。同时,我想你也看到了,在东南亚的这些佛教国家中,到处都有湿婆坐骑迦楼罗的形象。"

我点了点头,说:"我想问问你关于四句论的事,我最近在读龙树的作品。"

"你不需要通过龙树来理解四句论。"他说,"这个从西方人的角度看上去有些奇怪的逻辑和佛教一样古老。龙树只是后来的解读者之一。你应该去了解它最初是怎样在佛教中形成的。作为一名数学家,你可能还想要有一个哲学上的分析。这可以同时解答你的两个问题。要不你和你太太一起到我住的地方去看看吧?"他提议。

我们谢过他的邀请后,便同他和他的同伴往湄公河支流南康河的方向走。到河岸边后,我们下到了河堤边上,那里有一座看上去不太牢固的竹制桥在湍急的河水上方连接两岸。我们小心翼翼地扶着桥上的栏杆过了河,接着又爬了很陡的坡,才到了他家。让-马克为我们开了门,我们在他小小的客厅里坐了下来。他给我们倒了茶后,就转向他身后的书柜。

他选了一本书,打开后大声念了出来:"在佛教逻辑形成初期,人们一般认为任何事物都存在四种可能性:存在、不存在、同时存在和同时不存在。这就是四句论,在传统的逻辑中,无法很好地解释,但在弗协调逻辑中就能够被说通。之后的佛教思想家就把事情弄得更复杂了。譬如,龙树试图证明存在这四种情况以外的情况以及这四种情况中可能有多种情况同时存在的可能性。"[1]

在他读这一段落的时候,他盘着双腿坐在我们对面的坐垫上,抚摸着他留得

---

[1] Graham Priest,"The Logic of the *Catuskoti*,"*Comparative Philosophy* 1,no.2 (2010):24.

长长的胡子,每隔几分钟就停下来喝口洛神花茶。突然,他闭起眼睛开始冥想。过了一会儿,他睁开眼睛,继续说道:"在佛教思想中,四句论是最难让人消化理解的论据结构。"①

这本书的作者叙述了四句论最早在公元前 6 世纪就已经出现在佛教思想中,也就是释迦牟尼佛——乔达摩·悉达多还在世的时候。让-马克读了一段释迦牟尼被问到关于四句论的片段。

乔达摩觉得如何? 乔达摩相信在圣人死后还有另一个世界吗? 这一说法是唯一正确的吗?

不。我不认为圣人在死后还有另一个世界。这一说法不是唯一正确的。

乔达摩觉得如何? 乔达摩相信在圣人死后不存在着另一个世界? 这一说法是唯一正确的吗?

不。我不认为圣人在死后不存在着另一个世界。这一说法不是唯一正确的。

乔达摩觉得如何? 乔达摩相信在圣人死后既存在着另一个世界又不存在着另一个世界吗? 这一说法是唯一正确的吗?

不。我不认为圣人在死后既存在着另一个世界又不存在着另一个世界。这一说法不是唯一正确的。

乔达摩觉得如何? 乔达摩相信在圣人死后既不存在着另一个世界又并非不存在着另一个世界吗? 这一说法是唯一正确的吗?

不。我不认为圣人在死后既不存在着另一个世界又并非不存在着另一个世界。这一说法不是唯一正确的。②

① T. Tillemans,"Is Buddhist Logic Non-Classical or Deviant," 1999,189, quoted in Graham Priest,"the Logic of the *Catuskoti*," 24.

② Graham Priest,"The Logic of the *Catuskoti*," 25.转引自: S. Rhadakrishnan and C. Moore, eds., *A Sourcebook on Indian Philosophy* (Princeton, NJ: Princeton University Press, 1957), quoted in Graham Priest,"The Logic of the *Catuskoti*," 25.普里斯特认为"圣人"一译并不妥,其本意指顿悟成佛者。

根据让-马克读的那本书上所写,唯一能够解决这一难题的方法就是认为最后两种可能性,也就是亦实亦非实,非实非非实,为空。① 让-马克抬起头,眼神中有胜利的光芒。我知道我的预感是正确的。四句论无法成立。如果我们坚持这四句话都为真,那么它们就都不存在,留给我们一个空集:也就是零。

我终于找到了东方四句论和空、和零的关联。在数学上,能够解答逻辑悖论四句论的就是数学的空集:极大的空虚,完全的虚无,绝对的零。

"现在你知道答案了,"让-马克说,"四句论是如何引向零的产生的。"我们都看着他,他继续说,"佛教中强调空,这一点是西方所没有的。这可能就是你想要寻找的零的起源,和佛祖一样古老,距今已经一千六百多年了。"

我们在那里安静地坐了一会儿后,我说:"谢谢你。那现在我们能不能再聊聊无穷?"

他笑了,说:"哈,这是一个复杂的问题,要不我们明天再谈?"

"那我明天再来拜访?"我问。

"非常乐意。"他回答。我们握了握手,黛布拉和我便起身,他的印度朋友送我们回到竹子桥那里。

---

① Graham Priest，"The Logic of the *Catuskoti*，" 28.

第十七章

第二天，黛布拉想拍点照片，我就和她约好在湄公河岸的一家我们都很喜欢的咖啡馆碰头。与此同时，我再次去拜访了让-马克在山坡上的家，去和他探讨有关于东方的无穷的问题。我觉得他对此应该很有自己的看法，因为无穷这个概念在印度教中并不陌生。让-马克心情很好，他邀请我一起吃绿咖喱饭。我们在餐桌边坐下，开始吃了起来。

吃完饭后，他问："你是来询问关于东方哲学中无穷的概念的吧？"我答是的。因为我相信零和无穷，这两个现代数字系统中的极限，应该来源于东方。"你知道吗？佛祖本身就是一位数学家。"让-马克说，"在早期关于他的书籍中，譬如《普曜经》，他就被认为是一位对于数字很敏感的人，并且还运用这种天赋去赢得勾帕公主的芳心。数字，包括很大的数字以及这些数字的极限都早就已经在那里了。当然，在印度教中有时常提到无穷的概念：无穷的时间，无穷的空间，等等。相比西方，这种概念在印度哲学中更普遍。在西方，有一些非常模糊的关于神是无限的说法，但具体指什么并不清楚。我们再来看看耆那教，同样也是一个很古老的宗教。我们注意到耆那教教徒对于极大的数字也非常感兴趣。"他走向书橱，拿出了一本书，开始翻阅起来。他说在两千多年前，在耆那教的经文《阿奴瑜伽经》中就已经提到了无限大的数值。这些数值是通过"多次乘法"的运算后得到的,有可能就是我们现在所说的指数运算。如果是这样的话,那么就意味着生活在两千多年前的耆那教教徒就已经相当深入地了解了无穷这个概念。

"这简直不可思议。"我说。

他笑了笑:"是的,古印度人对无穷的了解比西方至少早了一千八百多年。"

"你也知道康托尔的理论?"我惊讶地问。

"当然。我学过几年哲学,其中也包括数学哲学。"

让我惊讶的,也是我之前没有意识到的:耆那教的这本书已经证明了人们很早就对于无穷有了数学理论上的理解,比德国天才数学家格奥尔格·康托尔的发现要早得多。当时,康托尔对于无穷的概念引起了数学界的争论,大众对于他理论的不接受以及他自身在无穷理论研究中所碰到的困难都是导致康托尔多年精神不稳定的罪魁祸首。

19世纪末,康托尔是德国东部哈雷大学的一位数学家,他在那里独自研究出了无穷理论。康托尔曾经是当时全欧洲最重要的大学之一柏林大学的学生,师从数学大师卡尔·魏尔斯特拉斯(Karl Weierstrass)。魏尔斯特拉斯对于我们关于实数的理解作出了巨大贡献:实数包括了有理数(整数和能用整数比表示的数)和无理数(包括 π 等无法用整数比表示的数)。他和另一位德国数学家理查德·戴德金(Richard Dedekind)指出,所有的无理数都可以表示成无限不循环小数,譬如 0.142 845 239 6。而无限循环小数,譬如 0.484 848 48,可以表示成一个有理数,也就是说可以写成两个整数的商,在这个例子中,就是数字 $\frac{16}{33}$。

无限不循环小数最好的例子就是 π。π 不是一个有理数,因为它无法写成两个整数比。康托尔将这一认知引向了对于无穷的另一个高度的理解。他指出,一个无理数的小数点后面的数位是不循环且无限的。

同时,他还指出了另一个可能有悖于我们直觉的事实,即,无穷的数值是不一样大的。在无穷大的数字中也存在着大小。另外,康托尔还证明了在两个无限集合中,无理数集合的势比有理数集合的势要大。也就是说,无理数比有理数多。

　　康托尔曾经给出过数学史上最精彩的证明之一,他证明了可以写成两个整数比的有理数和整数有着一样"大小"。

　　康托尔指出,幂运算是可以将一个无穷变成另一个更高阶位的无穷的最低(也是唯一已知)运算方法。由幂运算引出了幂集的概念,也就是包含所有子集为元素的集合。这也证实了罗素悖论:我们无法找到宇集,因为没有任何一个集合包含自己的幂集! 让我们来看一个例子,一个集合包含了两个不同的元素。我们称这个集合为 X、它的两个元素为 A 和 B。现在这个幂集只有两个元素:A 和 B,它是包含所有 X 子集的集合。也就是说,这个集合包括了空集、{A}、{B}和{A,B}。这些都是 X 的子集。我们可以得出幂集的势总是大于原集合(因为集合 X 只包含了元素 A 和 B)。幂集包含的元素数量是 2 的 n 次方,n 是原集合中元素的数量。所以说,任何集合的幂集的基数总是大于原集合的基数。如果一个集合包含了所有可能的元素,那么它的幂集的势比这个集合还要大。这也就是那位和尚所说的"万物并非一切"。[1]

　　康托尔的一生多次和忧郁症作斗争,长期住院,并于 1918 年在哈雷的一家精神病院逝世。他向世人解释了无穷。另外,康托尔还指出,如果 n 是整数的话(这里的 n 可以是无穷大的),在数轴上的两个数字之间一定存在着 2^n 的元素。这就是我们所谓的"指数增长"——也就是说,当底数为 2、指数是无穷大的时候,所得的数是一个更大的无穷大的数。康托尔证明了实数无穷大的阶(也就是有理数和无理数,例如 π 和 e)高于有理数或整数无穷大的阶。

　　就像让-马克所说的那样,古印度的耆那教教徒很有可能已经理解当底数是一个很大但有限的数字时,如果指数是无限大,那么幂运算就可以提高无穷大的阶。

　　"你看,古印度人对于无穷的理解程度已经和 19 世纪末的康托尔几乎差不

---

[1]　更多有关格奥尔格·康托尔的故事及无穷的不同层次,可参见:Amir D. Aczel, *The Mystery of the Aleph*(New York:Washington Square Books,2001).

多了。"让-马克说。

"让我来整理一下,"我说,"零是从四句论中的空所得的;无穷来源于印度教和耆那教,也可能是受过两千多年前佛教中数学和哲学的影响。"

"我同意你这样的说法。"让-马克回应道,好像被什么想法分心了。他挠了挠自己的额头,甩了甩自己花白的长卷发。他后来想了想,说:"你觉得数字是真实存在的吗?"他兴奋地看着我,好像是要将我一军的气势。

"这是数学哲学中最大的问题。"我说。

"是的,的确如此。"他回答。

"数字是我们最伟大的发明,零更是整个系统中的巅峰,"我说,"但是这一切是不是只是存在于我们的意识当中? 数字帮助我们建构、理解我们周围的世界,但除了这些角色以外,它们是否独立存在着? 这一直是一个开放性问题。我采访了许多数学家,都问过他们这个问题。"

"那他们怎么说?"他问。

"大多数的人都认为数字存在于一个柏拉图式的环境中,独立于人、动物或任何实物。但也有人不同意这种说法。你怎么看?"

"作为一名印度教教徒,"他说,"我相信有一个内在固有的神圣现实的存在。就像我跟你说过的一样,我认为湿婆在我们里面,在所有人、事、物里面。就算我们不在了,湿婆也还在,那些数字、数学概念还有其他生灵也都在。有一种超越人类的现实,这其中也包括了数字。"

我欣赏他的博学和东方式的柏拉图主义。我想我必须得回到我的研究上,去继续寻找已知的亚洲第一零的踪迹,无论这个零是发明出来的还是从某一潜在的现实中推论出来的。

我感谢让-马克的大方请客,也很高兴和他有这么精彩的讨论。我下了山坡,回到了竹桥那边。付了竹桥管理员一元过路费后,我回到了琅勃拉邦,与在咖啡馆等我的黛布拉碰头。

我和黛布拉一起吃了甜点。我想,琅勃拉邦是除了巴黎以外品尝法式甜点最好的地方了。我们一起点了一个苹果派,我点了一杯熏茶,黛布拉点了一杯卡布奇诺。我们在湄公河上一起看日落,夕阳透过河面上的水蒸气变成了漂亮的红橘色的光。我跟黛布拉提到了今天我和让-马克的对话。"他听上去有点像罗杰·彭罗斯。"她说。罗杰·彭罗斯的书《通往现实的道路》是我们俩都读过的一本书,书中讨论过数字是被发明的还是被发现的问题。接着,我和黛布拉就开始看她白天拍的照片,还有几张她刚刚拍的唯美的日落照片。

我们一起走回到我们隐蔽在山坡上的酒店。我意识到,这座小城镇让我通过几千年佛教、印度教和耆那教的智慧,发现了零和无穷的起源。我现在极其需要 K-127 的具体信息,也十分迫切地想要飞回柬埔寨寻找八十年前乔治·赛代斯研究过的高棉零。但愿这座碑文能够经得起世事的变迁。

第二天,我们打包行李后,在饭店叫了出租车去机场。尽管这里的游客越来越多,但机场还是空空的。大家都在讨论新机场的建设,还有在北边通往中国的高速列车。在这两个项目完成后,琅勃拉邦可能会迎来大批的游客。我想到时候,物价会上涨,会有更多的高层酒店,这个小镇宁静的氛围也一定会变化。

出境的时候,我担心自己又会因为护照问题被要求付违规费,但他们并没有找我麻烦,在我的护照上盖章后,让我顺利登机。我们回到了曼谷,黛布拉则飞回美国。我们俩的一个小蜜月就这么在琅勃拉邦结束了。我继续待在曼谷,等待有关 K-127 的消息。

第十八章

就在我想要找人谈谈我的研究方向的时候,我接到了朋友雅各布·梅思金(Jacob Meskin)的电话。他毕业于普林斯顿大学,现在是一位哲学教授,也是东方宗教的专家。我们好几个月没联系了,正好趁着这个机会聊聊我们的共同朋友,还有哲学。我向他解释了我对于零、空和四句论的看法,想听听他的意见。"它们三者之间的关系很有意思,"他说,"其实,龙树的确谈到了'空',也就是空集,是四句论的解答。事实上,除此之外,我们也找不到什么好的答案了。"他笑着说:"佛教当中有许多数字:三相、四谛、八正道以及十二因缘等等。但你得告诉我,零为什么这么重要? 我不是非常理解。"

我跟雅各布解释说,零得以让数字循环使用,它让我们能够在各种情况下反复使用这九个数字符号(也包括零本身)。譬如,数字1代表一,如果在它右边加一个零,那么就是十。数字4单独出现就是四的意思,但如果加两个零,就是四百。它代表着四个百,零个十,零个一。充当占位符的零的存在也让没有零的数字有意义。譬如,数字143正是因为有数字140才能这样表达,而数字140需要零这个占位符来表示该个位上没有计数。如果没有零,那么这些数字和操作都不会存在。"有意思,"他说,"龙树也说过空是可以从一个地方转移到另一个地方的,就像零一样。或许,他也懂得这个概念。我会把空想象成小孩的塑料玩具：一个可移动的、带有数字的方块，但只能移到有空缺的地方。这个空缺可以让我们移动数字方块，直到把这些方块按数字大小排齐为止。所以你看，空是无处不在并且可移动的：当你写在十位上，就代表着零个十，写在千位上就代表着零个千。"这么看来，龙树把空（或许也包括零）看成是一个动态的、可移动的元素，这一点让我觉得很有趣。

我提到了在印度，数学、性爱和宗教是互相缠绕在一起的。对此，雅各布回答道："我想你可能也想到了，数字和嗯……性有着一丝关联。这听上去可能有些奇怪，但龙树在他的《中论·观四谛品第二十四》的末尾中提到过有关的想法。在这一章中，他想象有一位评论家攻击他在"观颠倒品第二十三"中的观点，认为他有虚无主义的倾向。这位假想的评论家说：'龙树，你把佛教变成了有关空的教条。这意味着所有的东西都是空的，不也就说明了任何东西都不是真的吗？也就是说，所有佛祖说的东西也都不是真的咯？'

"龙树的回答非常精彩。他认为，评论家恰恰把事情说反了。事实上，正是因为所有的东西是空的，万物才能运作，包括了佛祖所说的真理。换句话说，世界必须要有空，没有空不行。"雅各布停了下来，在纸上写了些什么，"我等下寄给你几章龙树的《中论》翻译，其中包括了"观四谛品"。如果你有兴趣的话，我很乐意和你一起讨论。关键是，如果世间万物都存在着一个内在永恒不变的本质，那么佛教所主张的万物都是从一个复杂的、互相关联的、互相合作的集合而生的这一说法就说不通了。佛教认为万物都存在于一个巨大的因果关系网中，因此没有任何事物可以独立存在，拥有属于自己的本质。这也就是佛教的真理之一，叫做缘起。"

"那么接下来就是和性的关系了。空提供了现实空间中最基本的敞开性和接受性。这是因为如此才使得变化、波动和移动成为可能。这就像是零的存在，才使得数字有大小之分。没有空，就没有动态；没有零，就没有数字。从某种角度来说，零的作用相当于子宫和阴道，而数字的作用就相当于阳具。而枚举、测量或是盖革计数器和电子屏幕上每次的数字变化就像是性：数字的上下移动，变大或变小都得益于一个愿意包容、接受它们的空间。"

雅各布的理论让人觉得新奇，我期待下次继续和他探讨相关问题。

第十九章

我在曼谷一边等待着更多关于高棉碑文上的第一个零的信息，一边去访问了在曼谷我最喜欢的一个地方，吉姆·汤普森（Jim Thompson）的故居。吉姆·汤普森出生于 1906 年，是一位美国商人。他毕业于普林斯顿大学，于第二次世界大战期间在美国中央情报局工作过。之后，他放弃了在美国成功的事业，搬来泰国居住。

吉姆·汤普森以一个外国人的身份为泰国做出了巨大贡献。他单枪匹马地重振了当地快要消亡的产业——丝绸制造业。短短几年间，通过他聪明的商业头脑和敏锐的洞察力，成功地使泰国成为世界上主要的丝绸和丝绸产品制造国。他成功的秘诀就是鼓励全泰国的小型工厂和私人企业投身于丝绸制造业中，并以合理的价格转销给出口公司。

汤普森在泰国的外国人圈子里成了响当当的人物，他很有可能认识当时也非常出名的乔治·赛代斯。在这个城市中，外国人的圈子不大，有许多社交场合都会碰面。当然，我们并没有任何证据证明他们认识。汤普森来泰国的时候已经离了婚，他在这里认识过很多欧美女性，其中有一些成了他非常亲密的朋友。但就我们所知，他并没有长期的恋爱关系。

汤普森在市中心的运河边上建了一栋房子，确切地说是好几栋连在一起的房子。这些房子的设计风格都属于典型的泰式乡村风格,主要为木结构,底层被架高,用来预防河水或运河水的泛滥。房子整体被漆成深红色。汤普森本人还是狂热的亚洲艺术品收藏家,在他的故居里,仍然摆放着他所收藏的各式各样的亚洲艺术珍品,堪比一个博物馆。

1967 年,61 岁的汤普森和三个朋友、一对夫妻、一位女性友人一起前往邻近的马来西亚旅行。其间,他们一同去了金马伦高原旅游景区,并住在了一个小木屋里。一天下午,汤普森跟他的朋友说,他要出去附近的爬山步道走走。其后,他就杳无音讯了。

在他失踪后的几个小时,警方派了大量人手参与搜寻工作,并组织了一个庞大的搜救队。因为失踪的是一位外籍名人,这个高山区域被仔细地搜索了好几周。迄今为止,都没有任何关于吉姆·汤普森的踪迹。他的失踪算是一桩奇案。

来到汤普森故居的我想起了他的失踪案,还有一个和他类似的故事,故事的主人公是意大利理论物理学家埃托雷·马约拉纳(Ettore Mjorana)。他曾经和恩里科·费米(Enrico Fermi)在罗马共事过。1938 年,马约拉纳从西西里岛搭乘摆渡船前往他当时在那不勒斯的居所,从此便消失了。人们对他的失踪有许多猜测,其中一种认为,他的确到了岸边,但离开摆渡船的时候没有被人发现。他们认为马约拉纳躲到了修道院里,想要与世隔绝,可能是因为战争即将爆发,他担心他和费米的物理研究成果会被用来制造毁灭性武器。

我还想到了另外一个从大众视野中消失的人,他的研究与我的研究项目非常有关联,他就是亚历山大·格罗滕迪克。有许多证据证明,他现在依然还活着。但马约拉纳和汤普森没有留下任何迹象表明他们还在世上——但谁知道呢,或许他们在失踪后至少还活过一段时间。

我们知道格罗滕迪克还在世是因为时不时还会有他的音讯。最近的一次是2011 年,他从他隐居的住所寄出了一封信,给一位巴黎的数学家。在信中,他要求所有他正式出版或未正式出版的研究成果都不得再在市场上以任何形式流通,不论是公开场合还是私人场合。让人惊奇的是,他的同事们同意了他的请求,尽管这意味着数学界将失去他的研究成果。在几天之内,他大部分发表过的论文或书籍——甚至包括网络上的电子版本——都被撤除。幸运的是,我还留有一本他的数学自传《收获与播种》,是一本有些古怪又冗长的书(全书有 929 页之多)。这本洋洋洒洒的自传是用法语写的,1986 年的时候以手稿的形式在他的朋友间流传。书中的内容包括了数学、自传和他本人对于宇宙的想法。他当时想要将此书出版但没有成功。可与此同时,这本书的手稿在数学界获得了好评,只是现在为了尊重格罗滕迪克的意愿,此书的稿件,无论是打印稿还是电子稿都已经全部被销毁了。

应景的是,此刻我正坐在另一位失踪人士家里院子的菩提树下,读着格罗滕迪克的自传。他在书中提到自己从小就对数字很痴迷。他小的时候住在汉堡的一户寄养家庭,他的父母汉卡·格罗滕迪克(Hanka Grothendieck)和萨沙·夏皮罗(Sacha Schapiro)是无政府主义者(他的父母从未结婚,他随母姓),他们在 1936 年的西班牙内战中加入了共和军,但最后被佛朗哥带领的法西斯打败,被赶出西班牙。他们穿越比利牛斯山脉进入法国,但立马被法国警察逮捕,囚禁于集中营。亚历山大后来在第二次世界大战的战俘营中和母亲重聚,但父亲在奥斯维辛集中营被害。

数学对于格罗滕迪克来说,就是全部。数字无论是作为人类最有影响力的发明,还是一种对于已经存在的真相的发现,对他来说都是充满魔力的。他满脑子想的都是数字,想着它们是怎么来的。在他自传的第三十一页上,他写道:他小的时候非常爱去上学(当时,他和他的母亲居住的法国集中营是专门给"不受欢迎的人"的,上学是一个非常罕见的特权)。他说,在学校里,有数字魔法。

但是,这个世界除了数字以外还有各种几何形状、图案,在他还是一个学生的时候,他就幻想自己有一天能够完成古希腊人的梦想,将代数和几何合二为一。在书的第四十八页,格罗滕迪克就写下了他所谓的"代数和几何的婚姻结合"。也就是这样的想法——从数字的发明开始带领他实现最伟大的成就,包括了发明跨时代的概念,例如主对象、层和拓扑。所有的这些抽象的概念都是从一个数字的概念开始,拓展到广泛的数学理论中。

代数几何学是一门将代数和几何相结合的学科,也是格罗滕迪克主要研究的领域。几何学被延伸到了拓扑学中,通过连续函数空间的形变和距离的定义,使得空间区域可以用更抽象的概念来表达。也就是在这些概念中,格罗滕迪克定义了层和拓扑。

质数也是格罗滕迪克的研究对象之一,其实质数对所有的数学家来说都很重要,因为它们是数字的组成要素(所有的非质数都可以表达成质数的乘积,因此质数是最基本的元素)。有一次,在一个演讲当中,格罗滕迪克用质数作为支点来导出最终结果。观众席中有一位举手提问说:"您可以给我们一个具体的例子吗?"格罗滕迪克说:"你是说一个具体的质数吗?"对方回答说,是的。格罗滕迪克有些着急地想要继续他的推导,便随意地说:"好吧,就 57。"接着,就转身回到黑板上继续他的演讲。当然,57 不是一个质数,它是 19 和 3 的乘积。但是这个数字之后就被亲切地称为"格罗滕迪克质数"。

格罗滕迪克在范畴论和拓扑学中的研究使得我们不再受限于集合论,尽管如此,集合还是定义数字的最佳方式。这个对于数字非常理论抽象的定义运用了人类最伟大的一个概念——空。空在数学中对应的概念就是空集。

我们可以用空集来这样定义数字:零就是空集;我们可以定义数字 1 是只包含空集的集合。那么,数字 2 就是包含两个不相同元素的集合:空集和包含空集的集合。数字 3 这个集合就包含了空集,包含空集的集合,包含空集和空集的集合的集合。以此类推,通过空和集合这两个概念,我们可以定义所有的自然数(正整数)一直到无穷。我们可以看到,每个数字都像俄罗斯套娃那样包含在下一个更大的数字里。正是这个推导让我想到了雅各布的"空是子宫"的想法。从某种意义上来说,空是所有数字的源头。

就是运用这样的概念,格罗滕迪克建造了更加复杂的数学架构。但他是否了解东方佛教中"空"的概念呢?我们可以说,格罗滕迪克大部分的人生都活得像佛教徒,就算他不是,他也实践了佛教中的信条,譬如爱好和平、与人为善、不吃肉类等。他建立了一个反战争组织叫"生存和生活";他一直打开家门欢迎那些贫困和需要帮助的人们;同时,他还积极参与许多反战争和环境保护组织。

1968 年,也是格罗滕迪克四十岁的那一年,他做了一项重要决定,他决定放弃数学。尽管之后几年,他还是有数学研究成果。我认为,那是因为零和空的概念影响了这位卓越的数学家。佛教对于亚历山大·格罗滕迪克到底产生了多大的影响？我们知道他主张和平共处，饮食习惯也和东方宗教中所倡导的相似。那么空是否影响了他对数学的看法呢？对此，我也没有答案。

第二十章

我回到了饭店,打开电脑,终于等来了罗塔纳克·杨的邮件(他是安迪·布鲁威尔的朋友)。他告诉我,他的父亲是吴哥保护中心的负责人,吴哥保护中心收藏了许多柬埔寨碑文、雕像和其他艺术品。K-127可能也在那里。但是1990年吴哥保护中心遭到暴力掠夺,许多收藏的珍品已经被破坏或抢夺。所以就算K-127曾经被中心收藏过,他也并不清楚K-127现在是否还在。他的邮件里还说:"我和父亲没有办法再继续帮你下去了。如果你想要得到更多的信息,得联系柬埔寨文化艺术部并且得到他们的允许。"

我关上电脑,叹了口气。正孤身一人在曼谷准备去柬埔寨寻找遗失的碑文的我,必须得在异国他乡和我不熟悉的官僚部门打交道。想到我眼前的困难,我这样回复罗塔纳克:"你可以告诉我要如何申请吗?你在文化艺术部有认识的人吗?"我将邮件发出后,便起身去庙里参观,想要获得一些灵感。

在我饭店附近就是湄南河摆渡船载游客和当地人过河的地方。我搭上了一艘很拥挤的小船,往北行驶,在大皇宫附近下船。当我想要从大皇宫的入口处进入的时候被门卫赶了出来,才知道因为是国王的生日,大皇宫今天不开放。我过了马路,走了不到一个街区就找到了曼谷最大的寺庙群卧佛寺。这里有着著名的金色卧佛。

我欣赏着这尊长达四十六米的金色佛像,佛像一边躺着一边用手撑着头。寺庙里的一个标语牌上写着：小心扒手。我本能地摸了摸口袋,还好我的皮夹还在。

出了寺庙后,我穿过熙熙攘攘的马路,往下船的方向走。有一个中年男子朝我冲了过来。他打开了手里拿着的一本照片相册,里面有女性的裸体照片。"年轻女孩,"他说,"年轻女孩。"我用力地推开了他。这一直是东南亚的一大祸害。从越南战争开始,美军会带着从战场上回来的士兵们来曼谷休闲娱乐。当地人便因此开始了向西方人贩卖女性的买卖。但是近几年因为经济的发展,这样的买卖也渐渐变少了。

几个月前,我受邀在墨西哥的一个国际大会上发表演讲,在那里我遇到了《纽约时报》的编辑尼古拉斯·克里斯托夫(Nicholas Kristof)。我和他说起我要去柬埔寨的事,他告诉我他刚刚从那里回来。"我在柬埔寨的时候,从妓院买了两名被迫卖淫的女孩,她们重获自由后,现在在一个再教育项目中学习独立生活的技能。"他说。我很高兴世界上有像他这样的人。如果他碰上那个中年妓院老板的话,我想他可能会从他那里买下他在兜售的妓女,让她们重获自由。

我回到饭店后,收到了罗塔纳克的回复。"你可以试着联系 H.E.哈布·图其(H. E. Hab Touch)。"他写道,"我没有他的电话或是电子邮件,但你可能可以找到。"我不知道"H. E."指的是什么,但我在网上查了哈布·图其。我认出了这个名字是金边前国家博物馆馆长的名字,这是一个好兆头,说明这个人对古董应该有所研究。我希望他能支持我的项目。找到了他的电子邮件后,我向他发了一封邮件询问他是否愿意帮助我,但没有立即得到回复。

几天后,我很高兴地收到了哈布·图其的回复。他告诉我他的手下会去找找看有关 K - 127 的下落。之后,哈布先生(柬埔寨的名字都是姓氏在前)的确花了很多精力为我寻找这个碑文。后来他发现,在 1969 年 11 月 22 日,这个碑文被送往了位于暹粒的吴哥保护中心(罗塔纳克父亲工作的地方)。暹粒也是吴哥窟和其他上千个在丛林中的寺庙所在地。但之后这个碑文去了哪里,就没有人知道了。他建议我去联系一下附近博物馆的馆长。碰巧的是我在曼谷艺术画廊里遇到的老板建议我联系的这位查罗恩·陈是暹粒当地一家博物馆的馆长。我很高兴有两位业界人士的推荐都指向了同一人。我之后会尝试与他联系,但现在我最需要的是关于 K－127 在吴哥保护中心的相关信息。

所以,我又找到了罗塔纳克,但他坚持要我得到官方准许后,才能提供给我更多相关信息。因此我只好写信给哈布·图其,几天后拿到了准许。我得到了可以去暹粒吴哥保护中心找寻遗失的碑文的机会。我简直不敢相信我的寻找终于开始有了眉目。我记下了已经掌握的信息：K－127 发现于 1891 年湄公河边的三坡。1931 年,乔治·赛代斯翻译了碑文,发现碑文中出现了最古老的零并且出版了他的研究。接着,这块碑文被带到了金边的国家博物馆。1969 年11 月,再次被移送到了暹粒的吴哥保护中心。现在,我得到了官方准许,去探访这块碑文最后的家。我认真地打包行李,无论是否能找到碑文,这都会是一趟艰苦且漫长的旅程。

第二十一章

我将前往暹粒去寻找 K-127 的下落。哈布·图其在电话里告诉我，他会联络吴哥保护中心的人，看看他们能否找到这块行踪不明的碑文。

我满怀希望地搭了出租车，前往曼谷第二大机场——廊曼国际机场，搭乘亚洲航空飞往暹粒。亚洲航空使用的是双发涡轮螺旋桨飞机，所需要的跑道长度比喷气式飞机短，在跑道上没几分钟就已经完成起飞。不足的是飞机上不提供食物和饮料，就连水也要付费。下飞机后，我通过了冗长的签证申请程序，拍了照片，付了钱（我知道他们只收美金，因此我都提前准备好了）。差不多一个小时后，我终于搭上出租车前往饭店。

吴哥奇迹温泉度假村主要接待中国旅客，尽管每天要接待好几辆旅游巴士的游客，但住在里面还是非常舒适和安静。我访问的时候是一月，正是旅游高峰，城市里到处都是游客。我叫出租车的时候，来接我的司机可能是这个城市里唯一一位完全不会英语和法语的司机，连简单的"hello""yes"或者"no"都不会。我想这是因为他并不是真正的出租车司机。酒店前台帮我叫到了最后一辆空车，但即使如此，这位司机也忙着载其他客人没空来，只好把他父亲叫来帮我开车。这算是我第一次需要依赖一位连"yes"或"no"都猜不出的人了(点头和摇头也没用,在亚洲这些身体语言和西方文化中的意思是不同的,有时甚至是相反的)。

吴哥保护中心是一个专门保护柬埔寨文物的小机构,它并没有出现在任何的旅游地图上,所以想找到这个地方是非常困难的,而和一位不能沟通的司机一起找则更是难上加难。幸好饭店前台的工作人员用手机找到了吴哥保护中心的地址,并且把它圈在地图上给我。吴哥保护中心位于暹粒河畔,远离市中心,地图显示它附近有一家叫"你好"(Ciao)的意大利餐馆。

我就知道这会很困难。我把地图给了司机,他用高棉语嘀咕了几句。在我们试图沟通了几回后,他决定先把车开起来,但我并不确定他是否真的理解我的意思。暹粒仍是一个传统的东南亚小城。在这里,汽车相对少见,大部分的人都骑自行车,有钱一点的就开摩托车。突突车是最常见可租赁的代步工具。我们的汽车在摩托车、突突车互相争抢、无视交通规则的混乱中前行。

我们开到了市中心,在夏尔·戴高乐大道上往北行驶,这条路可以一直开到吴哥窟。经过一家新饭店的热带花园后,我们右拐上了一条小路,曾经的柏油路上都是小碎石,还有十几个小商贩在摇摇晃晃的桌子上贩卖水果和蔬菜。我们继续向着河前进。司机右转后,驶上一条满是尘土的路,一路颠簸了好久,一直开到一个小农场上。农场里的鸡乱跑,还有几只被我们的车冲散了。附近一个人都没有。我们两个下了车,呆呆地站在那里,挠了挠头,盯着地图看,也没看出个所以然来。

十几分钟后,有一个人从卷帘门后向我们走来。司机和那个男人热烈地讨论着,他们可能在说我们现在在哪里,要到哪里去。只见他们两人突然之间很兴奋地把手举向空中,先是朝一个方向指,接着再指另一个方向,大声地说着话。终于,司机回到了车上,重重地关上了车门。我试图跟他说:"这里肯定不对。我们找错了。"但他好像完全没懂,也不在乎的样子。他将车从这条小路上倒了出去,回到了大路。接着,他停了下来,开始用高棉语飞快地和我说话,然后再用期待的眼神看着我。

这太疯狂了,我想。我拿起地图,但完全没有思绪,这里附近没有什么叫"你好"的餐厅。我们开回大路后,又试着找了半个小时,来来回回仔细地查看两边的建筑,我想是时候放弃了。"酒店。"我说。他听懂了。"酒店。"他说,在我坐上他的车后第一次露出了笑容。因为路上堵车,他花了两倍的时间才把我送了回去。

等出租车回到酒店的时候已经是傍晚了。我注意到在酒店门口停了五辆突突车,夕阳下,车主人们闲待在车边。其中一位是一个看上去不到十六岁的圆脸蛋的男孩。他注意到了我,向我跑来。"先生,"他说,"坐我的车吧。我是一个好司机,我需要钱,拜托。"我注意到他身后的突突车上用很大的字体写着"毕先生"。我不喜欢突突车,因为车子的后座大多是木头做的,没有任何的保护措施,让我觉得不安全,而且坐起来也很颠簸。

他抬头看着我,人瘦瘦小小的,清澈的眼睛里透出央求的神色。"好的,毕先生,"我说,"但我要去的地方今天已经关门了。"他看上去很失望,头也垂了下来,他慢慢地走回他的车。"明天,"我说,"我保证!"这些司机听到"明天"这个词的时候知道这很有可能只是一个空头支票,乘客会有别的计划、会找别的司机。"明天八点在这里等我,我会雇你一天,我保证。"

毕先生露出了笑容。"好的,我会到的。"他说。为了表示诚意,我给了他两美金。

第二天八点不到,毕先生就在那里等着了。他远远地看到我,就朝我快步走来。"先生,早上好。"他说。"很高兴见到你,毕先生。"我答道,我把地图给他看,"你能看懂吗?"

"能看懂。"他自信地说。我们两个一起埋头研究起来。他微笑着说:"我可以载你去那里。"他戴上头盔,很少有突突车司机会戴头盔,我觉得这说明了他是一个很小心的人。之后和他的相处也证明了他是一个认真、努力、为他人着想的人。他帮我坐上了突突车。很快我就意识到他不止能说一口流利的英语,还是一位非常聪明的男孩,比昨天的司机聪明多了。

"首先,我们去暹粒博物馆,"我说,"然后,我们再来一起找我要找的。"我们穿越拥堵的交通后抵达了博物馆。我让毕先生在外面等我。"我要找查罗恩·陈先生,"我说,"他是馆长。"前台的小姐问我是为什么事情而来。"哈布·图其先生让我和馆长见一面,是关于一个我要找的碑文。"她拿起电话用高棉语讲了起来。我唯一听懂的几个字就是"哈布·图其阁下"。然后我突然意识到,这些时间以来和我联系的哈布·图其先生是全柬埔寨文物方面最权威的人,一位能拥有如此尊敬称谓的人。我也顿时感到羞愧,在罗塔纳克的邮件提到"H. E."的时候,没有马上理解他的意思。我有些尴尬,我在邮件中一直都没有对哈布·图其先生使用恰当的称谓,他还始终这么帮助、支持我的项目。我想,相比帮助一个陌生学者寻找想要的碑文,阁下一定还有其他更重要的事情要处理。

在电话另一头的查罗恩·陈先生马上就了解了我是谁、为了什么而来,但他要到傍晚的时候才会回来。他说,我应该直接去吴哥保护中心,这也是哈布·图其阁下所建议的。他让我先去那里碰碰运气,如果没什么收获,再回到博物馆。我们约了五点在博物馆碰面。我谢过前台小姐,出博物馆后,回到了毕先生的突突车上。

毕先生让这趟旅程变得轻松许多,他找到了去我们的目的地最近的路。我们要去的吴哥保护中心在夏尔·戴高乐大道东侧儿科医院的附近,在从市中心北延的路上。我们到医院的时候,毕先生示意要停下。

"我能再看一下地图吗?"他问。我把地图给他。"我们在这里右转,"他说,"不是你昨天转弯的地方。"他胸有成竹,转向了一条还没有铺好的路,与我昨天去过的那条路平行。这两条路离得很近,看上去也差不多,都有小贩在街上做买卖,路两边都有矮灌木丛和几棵棕榈树。但我们今天走的路很容易错过,要眼力非常好才能找到。

毕先生示意要右转。他开得不快,仔细地在路两边寻找。差不多一千米后,他慢了下来,在左手边的铁门上有一块很小的牌子上面写着:吴哥保护中心。他轻轻地按了喇叭,有一个人走了出来,为我们开了门,正好能让突突车进去。进去后,我们驶在了几块石板上。再往里一些,有好几个棚子,里面有一群男人正坐着休息,其中一个正在小火堆上煮咖啡。毕先生朝他们走了过去。

他们用高棉语边说边比划,但那些人并不明白我们想要什么。毕先生羞涩地朝我笑了笑,把手一摊,意思是"我没懂"。

"问问他们馆长人在哪里。"我说。接着又是一阵手势和言语的交流。终于,其中的一个工人往左边指了指。我们朝着那个方向走过去,一个简易的办公室出现在我们的眼前。我走了进去,毕先生在外面等。"我想找你们的馆长。"我对接待处的一位女士说。她没理我,很明显她没听懂我在说什么。外面天气很热,即使还是早上,太阳已毫不留情地晒着这间办公室的铁皮屋顶。我站在那里等,一直到一名中年男子走了进来。"你好,"我说,"文化部的哈布·图其阁下让我到这里来。我在寻找碑文 K-127。"

"你好,"他说,"是啊,阁下说过你要来。我来带你去看看那些旧文物,你可以自己找,看看还在不在。"

"是的,"我难过地说,"这里的大部分文物都被毁了。但我希望……"他给了一个憔悴的笑容,示意我跟着他。

他把我带到了一个用塑料隔板搭起来的大型棚子里。"你要找的碑文可能就在这里,如果没被他们抢走的话。你可以看看他们做了些什么。"他指了指棚子里的几处角落,都是一些从雕像上掉下来的石块,让人感到压抑和无望。随即,他就转身回他的办公室了,我就这样被留在了这堆瓦砾和文物中间。

我环顾四周,除了一堆堆被损坏的雕像外,棚内可能放有上千件的文物,其中包括了从吴哥窟运来的头雕,大概有几百个,但至少超过半数已经被毁坏,剩下的空间里还堆放着一些大型石碑。我慢慢地一件一件地看过去。我模糊地记得 K-127 大概的样子——如果它还在并且没有被损坏的话,它应该是一块红色石板,高 1.5 米左右,上方有缺口。我在棚内兜兜转转一个多小时,一无所获。我有些泄气,感觉没希望了。

我坐在一块石碑上,擦了擦额头上的汗——这个不通风的棚里又热又潮湿——又喝了点水。室温绝对超过 40℃。我觉得全身疲软无力,但还是强迫自己站了起来,继续找。这样漫无目的的寻找不是办法,所以想更系统一些,一排一排地找。我回到入口处,从第一排开始一直找到排末,接着再从第二排开始,以此类推。我用这个方法又找了一个小时,还是什么都没有找到。

最后,我决定从文物的背面再找一遍。我慢慢地一个一个看过来,直到看到一个和我印象差不多的石碑出现在我面前。在这块红色石碑的底座上粘着一块旧贴纸,上面写着"K-127"。我简直不敢相信自己的眼睛!我没看错吧?我真的找到了吗?

找到 K－127 的那刻，这块 7 世纪的碑文，其上刻有已知最早的零

我再看了看这块红色石碑的正面，就在那上面，我认出了高棉数字：605。这个零是一个点，也是已知的第一个零。这一切都是真的吗？我再看了一遍。碑文上的内容很清晰。我站在碑文旁边，心里满是喜悦。我想去摸摸它，但又不敢。这是一块非常结实的碑文，历经了十三个世纪的蹂躏，表面依旧光亮清晰。即使如此，我还是觉得它很脆弱、需要保护。在如此珍贵的文物前，我连呼吸都变得小心翼翼。一切感觉就像是梦，好像只要我一碰石头，一切都会消失。我历经千辛万苦，终于找到了它。这是数学的圣杯，我终于找到它了。

现在我完全不知道该怎么办，对于接下来要怎么做，我没有任何计划。我只是站在那里，站在几百件被丢弃的、损坏的吴哥窟砂岩头像和雕像、碑文的碎片中间，当然还有 K－127。它的历史在我眼前闪现。19 世纪在湄公河畔的森林里，它被首次发现，接着被带去乔治·赛代斯的实验室。我能想象当这位学者意识到他眼前公元 683 年的石碑上刻着一个零的时候，他是多么兴奋。这一发现足以证明零并不是欧洲人或阿拉伯人的发明。赛代斯匆忙地完成他的论文，用铅笔拓印了"6""0""5"这三个珍贵的数字，然后他洋洋得意地以此重击那些尖酸的、自带偏见的学术对手。雕刻在红色石头上的碑文提供了赛代斯所需的一切。就是它，那个决定性的零。

我能想象接下去发生的事情。这块石碑被遗弃到了一个无人问津的博物馆,和其他一些被遗弃的文物又被一起搬到了不知名的储藏室。因为没被注意到,在一片废墟中它被完好地保留了下来,避免了被暴力毁坏,继而再一次被挪动到现在林中空地上一个可怜的棚子里。我闭上眼睛,从长达几年的寻找中放松下来,K - 127 再次出现了。我仔细地审视着每个古老的数字。

通过四年多的努力,我找到了赛代斯的碑文。整个过程中,我做了许多逻辑分析,写了许多信,也打过许多电话,求过许多人。这其中包括来自柬埔寨政府的帮助,尤其是文化艺术部主管文化事务的部长的支持,还有来自斯隆基金会的援助——感谢他们善良聪明的负责人愿意热心地帮助一位研究者来找寻我们遗失的一小部分历史。我心情愉快,我的征途结束了。现在我只需要拍几张照片,回家写下我寻找它的故事就行了。

K - 127 碑的顶部受损,数字 605 位于图中所示的倒数第二行,数字中的点即零

是的,我终于找到了刻有第一个零的红色石碑。在这么多年过去后,它依旧是我们现今发现的最早的一个零。我静静地站在石碑边上,拍了好几张照片。

然后,我就犯下了最严重的一个错误。

第二十二章

■
　■
　　■
　　　■

　　在史蒂芬·斯皮尔伯格(Steven Spielberg)的经典电影《夺宝奇兵》中,由哈里森·福特(Harrison Ford)饰演的印第安那·琼斯在南美洲丛林中经历了一系列艰难的关卡,其中一个机关被开启后,在弹簧上人体骷髅会突然复活,并向胆敢来寻找宝藏的入侵者发射毒箭。最后经过各种艰难险阻,印第安那·琼斯最终得到了他的金像。但当他刚结束这一场冒险后,他的冤家对头,和纳粹合作的法国考古学家雷内·贝洛克拿枪指着他,夺走了他的金像,说:"又一次,琼斯博士,你曾经短暂拥有过的东西现在是我的了。"他一边大笑,一边带着无价的考古文物扬长而去。

　　但是琼斯是一个精明的人,他只是暂时被他的死对头算计了。我则不一样,我是真的做了傻事。如果我什么都没说,就这么离开,那么故事到这里就可以结束了。但是,我就像谚语里的乌鸦那样,管不住自己的嘴巴,张开了嘴,被狡猾的狐狸抢走了奶酪。印第安那·琼斯的夙敌是一位法国男考古学家,而我的则是一位来自西西里岛巴勒莫的意大利女考古学家。

　　我继续欣赏着 K‐127,这块不同寻常的碑文是我飞越大半个地球的旅程中的高潮。就在这时,一对女性研究者,穿着实验室大褂走了过来,其实她们并没有完全走进这个在柬埔寨荒野空地中的棚里。她们在用意大利语大声地交谈着。

小时候和父母亲一起出航的温馨回忆顿时涌上我的心头。我们的船经常会在意大利的港口停靠,我会说、也喜欢意大利语。父亲在成为船长之前,在意大利的迪利亚斯特学过航海。母亲则自学意大利语,是意大利但丁协会海法分会的会长。我一直想着能再说说意大利语,但在亚洲,我一直都没有什么机会。找到K-127的喜悦让我变得前所未有的健谈——我有一种与别人分享我精彩旅程的需求。

所以我向这两位女士走了过去,开始和她们聊了起来。她们很高兴我会说意大利语。其中一位叫罗瑞拉·贝雷格里诺(Lorella Pellegrino),另一位叫弗朗切斯卡·陶尔米娜(Francesca Taormina)。陶尔米娜一头金发,瘦瘦的;贝雷格里诺人很高,快要一米八的样子,圆圆的脸上是一头深色的卷发。

我骄傲地指向了那块红色碑文,说:"这是K-127——它上面刻着迄今为止人们发现的最早的零。"她们很不以为然地看了看,说:"真的吗?"接着贝雷格里诺说:"太棒了!谢谢你告诉我们。"接着她转向了碑文,用随身携带的一根小手杖敲了敲石头的上方,也就是几百年前碑文被损坏的一角。石头发出了很大的声响。我快要昏过去了——她怎么能这么随便呢?就这样用一根这么硬的手杖去敲打如此珍贵的文物?但她对我本能的退缩毫不在意,她说:"你知道吗?我和弗朗切斯卡来这里想随便拿一些碑文去修复——是给我们的考古学生做练习的。现在我们就决定要这块了,因为你刚刚说了,这是一块重要的碑文。"

我的心一沉。我到底做了什么?我问我自己。这两个意大利人在抢夺我的发现啊——就在我的眼前!我可是花了好几年的时间才找到的。她们到底是否能够理解这块碑文对于科学历史的意义?她们告诉我她们是应着意大利政府和柬埔寨政府之间的合作而来的。柬埔寨需要考古学家来这片历史悠久、有大量文物的土地上工作。他们想要学习如何清理、编目并且在博物馆将这些文物展出。这两位来自巴勒莫大学的西西里考古学家正在帮助培训柬埔寨学生在吴哥保护中心附近的一个地点学习相关知识。这样,他们有朝一日就可以自己独立工作,帮助保存他们国家的历史文物。

这一天,贝雷格里诺和陶尔米娜在纯属偶然的机会下来到了吴哥保护中心的棚里随意挑选一件文物,给考古学生做修复练习用。我想要反对,跟她们说K-127是一件无价之宝,在历史上有着重要的意义,因此不太合适给学生们当"小白鼠"。他们有可能会在修复的过程中犯错,把油漆洒在上面,或是把这历经时间考验的表面刮坏,甚至可能凿洞或磨碎表面。但是他们都没有理会我的反对。"所以这是一个有名的碑文,"贝雷格里诺满意地笑了笑,"很好!我想要给学生用有价值的文物来练习,而不只是随便的一些旧石头。谢谢你告诉我们。"我还没来得及回答,两位女士就已经离开了棚内,出去联系人准备把这块碑文移送到实验室。我感到脑袋一片空白,却无能为力。

我能怎么办呢?贝雷格里诺和陶尔米娜是受柬埔寨政府的邀请来到暹粒的。应该没有任何柬埔寨人敢拒绝她们的请求吧,毕竟她们是来自国外的受人尊敬的教授,来这里是为了向柬埔寨人传授复杂的技术。而我,只是一个访问者,得到允许来这里找一件文物,我又有什么资格来干扰她们的工作呢?K-127又不属于我。根据两国之间的约定,这两位意大利教授对这里的所有文物都有掌控权。她们想怎么做都可以,而现在,她们想要用K-127作为实验的对象。这要求再合理不过了。

我不想要任何人去触碰这块碑文,而她们则想要去"复原"它。复原什么呢?这块碑文完好无缺。自从它被刻好以来,这1 330年的时光几乎没有留下什么痕迹。除了19世纪被发掘时,上方掉落的那一块,也就是贝雷格里诺刚刚用她的手杖敲打的那一块,这块碑文被保存得很好。谁会想要来复原它呢?可能因为贝雷格里诺和陶尔米娜是老师,她们想要教学生如何复原文物。不管她们选择哪一件文物,她们只是出于教学目的以向学生们展示技巧。修复一件保存完好的、对于人类历史有意义的文物只可能带来反效果。

贝雷格里诺和陶尔米娜微笑着回到了棚里。"几周后,它就会被送到我们的实验室。"陶尔米娜说,看起来很满意的样子,"下次你来拜访我们的时候,你会看到一块漂亮崭新的石碑。"我的天啊!现在谁还可以来救救这块碑文?我又生气又懊恼,试图想出快速解决的办法。

K-127属于柬埔寨人,它理应放在博物馆里展览。我不理解为什么贝雷格里诺坚持要把它送到实验室。她为什么偏偏选中这么重要的艺术品来教授修复技巧？我完全无法理解。我开始怀疑她可能有其他的动机：她是不是想将它占为己有，作为她自己的发现来发表文章？

此外，我还想到了在考古界争论了一个世纪的问题。在 20 世纪初期，英国考古学家阿瑟·埃文斯（Arthur Evans）在希腊克里特岛发现了米诺斯国王在克诺索斯的王宫。在古希腊史诗中，传说这个宫殿中有一个迷宫专门用来围困半人半牛的米诺陶诺斯。公元前 1628 年，圣托里尼岛上的火山爆发，并因此引发了海啸，摧毁了皇宫和整个皇城，整个米诺斯文明的发展戛然而止。①

埃文斯做了一件有创意也颇有争议性的事。他"重造"了克诺索斯王宫。如果之前这个地方有一尊狮子雕像，那么他就拿在其他地方发现的雕像放在那里。如果他注意到雕像上有红色油漆的痕迹，那么他就拿现代的红色油漆重新将雕像漆一遍。他还在他认为有运河的地方重凿了一条运河，又在沿海岸的似乎有屋檐的庭院上方重建了新的屋顶。因此去克诺索斯访问和去其他考古地点访问都不同。埃文斯做了之前从未有过的尝试，可以说是前无古人，后无来者。克诺索斯呈现的是埃文斯认为的样子，至于它本身是不是如此，我们都不知道。

我们慢慢走离 K‑127，贝雷格里诺转向我，对我说："你正好在这里，为什么不来我们实验室看看呢？我们马上会把 K‑127 运到那边，开始作业。"当我们走进一栋开着空调的小房子里的时候，我的腿都在发抖。房子里有十几位年轻的柬埔寨学生正在修复 15 世纪、16 世纪（也就是后吴哥时期）的木质佛像。在他们中间有一位显眼的留着灰色胡子的意大利教授正在指导着他的学生们。贝雷格里诺把我带到他面前。

"这是安东尼奥·拉瓦（Antonio Rava）教授。"她为我们介绍了对方。拉瓦教授来自意大利北部的都灵大学，他说话明显带有那里的地方口音，和法语发音很接近（发"r"的方式和法国人一样，和大部分意大利地区的大舌音不同）。他还操着一口流利的英语。"你也知道，大家对于后吴哥时期兴趣都不大，"他说，"所以这些文物都算是我们的，没人关心在 14 世纪后没落的吴哥王朝所遗留下来的

① 以放射性碳测定锡拉岛火山喷发年代的详细介绍，参见：Amir D. Aczel, "Improved Radiocarbon Age Estimation Using the Bootstrap," *Radiocarbon* 37, no. 3 (1995)：845‑849.

木头佛像。我们重新修复它们，把它们变漂亮。"我想，而现在你们又将随心所欲地处理这块在这个国家发现的最重要的文物之一，当然你们有权利这么做。我礼貌地笑了笑，继续跟着他。

安东尼奥·拉瓦和罗瑞拉·贝雷格里诺在他们位于暹粒附近的实验室里

　　我们在实验室里继续走着。一个学生正在一张桌子上给一个木制佛像涂上现代的金色油漆，因为这尊佛像上留有一些曾经被镶过金的痕迹；另一边，两个学生正忙着给另外一尊佛像安上一个新的基座。他们又推，又扭，又敲钉子。我们走了过去，拉瓦教授给了他们一些指示和帮助。后来只听到他大喊："装上了!"所有的人都拍起手来。这个底座从哪里弄来的?没人知道。拉瓦告诉我,这个底座是从实验室外面那一堆雕像部件里拿来的。我还看到了另外一个学生在给一个没有手臂的雕像装新的手臂——那个手臂又是从哪里来的呢?

连埃文斯都不会这样搞吧?这简直是对历史的扭曲。我曾经从一位文物保护者那儿得知,现在对艺术品的维护一方面尽可能防止艺术品继续被昆虫或环境破坏;另一方面努力保持艺术品的完整性,不改变原来的样貌。在参观完实验室之后,贝雷格里诺送我出门。临别时,她说:"你回来的时候,就会看到崭新的K-127了。"我仿佛在她的脸上看到了一丝恶意的微笑,好像在说:"你曾经短暂拥有过的东西现在是我的了。"也有可能是出于我的过度解读,毕竟这是激动又让人焦虑不安的一天。

我带着沉重的心情从暹粒飞回曼谷。我给不列颠哥伦比亚大学的比尔·卡塞尔曼教授写了一封邮件,说了今天发生的事情。他是第一位把赛代斯的研究介绍给我的人。显然,他很生气。"她们如果把碑文带回意大利怎么办?"他愤怒地说,"从你的照片上来看,碑文根本就完好无损,表面透着完美的光泽。如果被她们损坏了的话,数学历史界将会失去一件无价之宝。"他认为,罗瑞拉·贝雷格里诺明显想要邀功。卡塞尔曼主动提出要写信给她。我们两个以数学历史学家的身份联系她,请求她不要随意修复这件文物。

在两个不眠夜后,贝雷格里诺好像是动了怜悯之心,回复说:她不会"修复"碑文。"但是,我会认真研究它,并把成果展示给全世界。"她用意大利语写道。我想这意思就是她要把这个发现占为己有。但知道她不会伤害这件文物,我还是松了一口气。不过,我们还是要想一个长远的方法来保护好K-127。但要怎么做呢?黛布拉在一封信里跟我说:"或许她会忘了K-127,忙其他的事情去。"我感觉贝雷格里诺不会就此停手。她无意间发现了一件重要的文物,她一定会不惜一切代价占为己有的。或许什么修复、什么教学都只是烟幕弹,好让她有借口可以将K-127带走。

第二十三章

又过了几天，罗瑞拉·贝雷格里诺好像有了新的计划。2013年3月初的时候，她发了一封邮件给我，题目是"K-127的新存放地点"。信的内容是说，她已经把这块碑文送到她自己的实验室，并且计划要"系统地通过细菌学的角度来研究它"。接着她还附上了一张照片，上面应该是一位有名的意大利教授，她向这位教授展示了这块碑文，并骄傲地在碑文前拍照留念。我把照片发给卡塞尔曼教授，他用挖苦的语气说道："这人知道她眼前的碑文到底是什么吗?"

我不知道这所谓的"系统地通过细菌学的角度来研究"究竟是什么。这块石碑上的碑文清晰可见，唯一要做的就是将它放在博物馆展出，展示给所有的数学家、历史学家还有普通民众。但贝雷格里诺不愿意放弃无意中落入她渔网里的大鱼，看上去她是决心要在这块珍贵碑文上留下属于她的印记了（她在信里反复地用意大利语"prezioso"来形容这块碑文）。

不知道她是不是要吓我（也可能是我的胡思乱想），她时不时地用意大利文写信给我，报告研究进展。"我和我的学生们完成了K-127的3D研究。"她写道。一个星期后她又写信来说："我马上要开始用放射元素来研究K-127了，到时候我会告诉你的。"接着，她又开始了另一个研究。每次收到她的信,我就愈发恼火,对她,也对我自己。

和她一样,我也下定决心要更正这个错误。我回到了曼谷,找到了我的新朋友埃里克·迪欧,与他协商。他就是那位把我介绍给查罗恩·陈的艺术品中间商。我进去找他的时候,他正在自己的画廊里翻阅着一本珍贵的艺术书籍,可能是在预估他手上雕像的价值吧。"哦,你好,阿克泽尔先生,"他说,"柬埔寨的事情怎么样了?"我跟他说了我的经历,告诉他我找到了遗失的 K‑127。我在他的书桌边坐了下来,双手捂着脸说:"但我又把它弄丢了……真的很傻很傻。我跟一位西西里的考古学家介绍了这块石碑,我想她意识到了它的重要性并且想把它占为己有。"

"真为你感到难过,"他说,"现在看来这块石碑很有可能会出现在世界上某个角落的拍卖会上,接着被一些匿名的收藏家买走。"

他真的是很会鼓励人。"你觉得我现在还能做些什么?"我问。

"我也不知道该怎么办。她意识到这块石碑很重要,但可能并不知道为什么这么重要。"他说。作为一个北欧人,迪欧对于西西里人似乎没有什么好的评价,无论那人是不是考古学家。他开玩笑说,可能 K‑127 已经在西西里黑手党的手里。我想事情并没有他想的这么糟,但对于 K‑127 的未来,我还是充满着担忧。

我试图厘清现在的情况:贝雷格里诺想要什么?她会试图卖掉这块几吨重的石碑吗?她将如何把它运出柬埔寨?我不觉得她会这么做。偷运文物是迪欧作为艺术品中间商的想法。我认为像贝雷格里诺这样的比较初级的学者(主要工作是教学生而不是科研),她大概率是希望可以在发表有关 K‑127 的文章后得到晋升并以此成名,尽管这个发现并不是她自己的。我在新英格兰的一所小型大学里待了太久,所以还没有完全意识到在学术界这样的动机是相当普遍的。但她为什么要一直跟我汇报 K‑127 的研究进展呢?我没法理解这其中的含义。她是希望得到我的肯定吗?尽管听上去有些奇怪,可我觉得这是最合理的解释了。

贝雷格里诺又发了一封邮件给我,告诉我她正在联系意大利的一位材料学家,想要测试 K‑127 的结构稳定性。终于,我失去耐性了。我担心这些测试会最终毁掉这件文物。我回信告诉她说："这件文物对于数学家和历史学家来说，有着重要的意义。如果当初在那个棚子里，我没有遇到你，没有告诉你它的重要性，你根本对它一无所知。"之后，有一周左右的时间，她没有再回信给我。卡塞尔曼写信给我说："你觉得这样写给她真的好吗？"我承认这可能不是最聪明的举动。第二周，贝雷格里诺给我发了一封简短的邮件："欢迎你随时来参观K－127。我和我的学生在周一到周五的早上九点到十二点、下午两点到五点都在实验室里，我们会一直待到 5 月 15 日。"她的信就只有这些内容。对于这个回复，我有些不知所措。所谓的结构研究不一定是非侵入性的。到了这个节骨眼上，我已经不太相信她所说的不会对 K－127 进行修复工作的最初计划。说到底，培训、教授修复工作是她实验室的主要目的。带着担心和失望的心情我飞回了家，之后就再也没有收到罗瑞拉·贝雷格里诺的邮件了。

　　但我不会放弃的，我告诉我自己，如果需要，我会用尽所有的钱来保护K－127 不被损坏。我开始计划再去一次柬埔寨，去拜访柬埔寨文化艺术部部长哈布·图其阁下。我和哈布·图其先生之前已经通过长信，最后决定在 2013 年3 月 23 日星期六晚在金边共进晚餐。我提前几天到达了曼谷，并下榻在市中心的汉莎酒店。这家酒店的服务态度好，住起来也很舒服。我的房间有足够的空间堆放我日益增加的工作文件。当然，这里还是比不上香格里拉。香格里拉建在河边上，附带的热带花园里还有大型游泳池。我到达曼谷的第一件事，就是再一次拜访埃里克·迪欧。

　　我需要迪欧的建议以处理当下问题。我去的时候，他坐在他画廊办公室的椅子上，看上去心情不错。他穿着讲究的衣服，手上还戴着那款昂贵的手表在人眼前晃悠。"教授，是什么风又把你吹来了？"他问。

　　"再过几天，我要和柬埔寨文化艺术部部长在金边碰面，"我告诉他，"我希望你能帮我说服他把 K－127 从那西西里考古学家手里拿回来，放在博物馆里展出。"

　　"嗯，这个嘛，"他说，"我觉得希望不大。"

　　"为什么？"

　　"你得理解人们的想法。他们有着上百万件的艺术品，但大多数对他们而言没有任何特殊意义。在这里博物馆的地下室里,有许多储藏室堆满了各种雕像和石碑。你去过曼谷博物馆吗?"我回答说去过,并且承认该馆状况实在堪忧:地板上满是灰尘,墙上的油漆也开始剥落。"如果你做得到的话,"他说,"试着去说服部长把 K‐127 送去欧洲或美国的博物馆吧,文物在那里会得到妥善保管。"

我试想了一下这一可能性,我一直相信这件文物是只属于柬埔寨的。"这些人,"他继续道,"只在乎钱。唯一一位想要得到碑文的人就是这位西西里考古学家了。就算她只是出于科学精神,或者你认为的那样——想要凭此出名,别人还是可以很容易地把 K‐127 从她那里偷走。"

"你的意思是?"我问。我以为这些文物在柬埔寨会很安全的,至少对于像 K‐127 那种几吨重的物品来说。

"就像这样,"他边说,边打了一个响指,"他们只需要把它装进货箱里,放到前往泰国的火车上,再转运到船上。接下去,这些文物就会出现在欧洲或美国的某一位收藏家手中。别太天真了,教授……想要偷渡一件文物太简单了,尤其是当中有大量金钱交易的时候。从你的描述来看,这块石碑可能值好几百万美金。你可能无法预料到,搞不好,它现在已经不见了,永远地不见了。"

我告诉他,这块碑文应该还在暹粒,因为上次贝雷格里诺说我可以随时再去看。就在这时,一位高挑的金发女士走到埃里克的身边。"这是你的夫人?"我说,"迪欧太太?"他笑了笑,点点头。我向她自我介绍了一番,觉得时间差不多了,便向他们告辞。"我会尽力的。"我说。

"我希望你能救出这件文物,"他说,"这是为了科学和历史的崇高事业。我钦佩你对此所做的努力。"

第二十四章

2013 年 3 月 23 日早晨,我搭火车前往曼谷素万那普国际机场,等待曼谷航空前往金边的班机。我不禁开始想,K－127 的未来会是什么样的呢:它还在柬埔寨吗? 我能把它救出来吗? 我再一次地自责:如果不是我多嘴,现在就不会到这样的境地。

每人放松的方式不同,有人钓鱼,有人做填字游戏,而我则是思考质数的问题。对于数字发展史有着重要意义的碑文本身也有着一个吉利的数字,127。它不仅是一个质数,它还是一个梅森质数。梅森(Mersenne)曾经是巴黎修道院的一位僧侣,也是勒内·笛卡尔(René Descartes)的好朋友。他是笛卡尔游历欧洲期间的联系人,有时候也是唯一知道笛卡尔在哪里的人。笛卡尔行事一向隐秘,他担心自己因为支持哥白尼的日心说而遭到反对日心说的天主教的迫害。1633 年正是伽利略被审讯的那年。这个时期的许多哲学家和学者都担心他们的研究观点会被这个强大又充满敌意的宗教组织知晓。

笛卡尔和梅森在他们的书信中讨论过数字。梅森相信,当 p 为质数时,2^p-1 一定也是质数。这些质数后来被称为梅森质数。让我们来举个例子:2 是第一个质数,所以第一个梅森质数是 3(即 2^2-1),3 的确是一个质数。那么第二个梅森质数是什么呢?因为 3 是第二个质数,那么第二个梅森质数则是 7(即 2^3-1),7 同样也是一个质数。下一个数字是 31(即 2^5-1),也是一个质数。再下一个是 127(即 2^7-1),127 也是一个质数。因此,127 不仅是一个质数,它还是第四个梅森质数,它是一个特别的数字。

梅森认为他得出了一个定理:所有满足该公式的数字都必定是质数。但他无法证明它,而且他很快发现这个"定理"是错误的。事实上,第五个梅森数字就不是质数了,因为 2 047(即 $2^{11}-1$)是 23 和 89 的乘积。总体来说,梅森数字大多是质数。这也就让 127 更特别了,因为它后面的那个数字是第一个非质数梅森数字。这样一想,我就更加坚定于要为科学历史夺回 K‑127。就在这时,要开始登机了,我快速地走向了登机口。

尽管梅森数字不一定是质数,可它的确是一个很好的寻找大数的方法。我们只需要把已知的最大质数 p,带入公式 2^p-1 计算得出一个新的数字。这个数字一定比 p 大,也有很大概率是一个质数,我们只需要来检验一下这个新的数字是不是质数就可以了。有一个项目叫做互联网梅森素数大搜索(GIMPS),就是在全世界范围内通过免费的开放源代码来寻找大质数,并且找到了 $2^{57\,885\,161}-1$ 这个迄今为止最大的质数。①

站在登机口排队的时候,我想起了一个关于定理最终被推翻的故事,和梅森质数的故事有些类似。

命题是一个有待被证实的数学叙述。如果叙述为真,即为定理;如果为假,则定理不成立。作为步骤,用来证明定理的真命题叫做引理,由定理引出的结果叫做推论。

---

① 本书英文版出版于 2015 年。现已知的最大质数应为 $2^{82\,589\,993}-1$,发现于 2018 年 12 月 21 日。——译者注

世界著名的美籍日裔数学家角谷静夫在第二次世界大战后去欧洲拜访另一位数学家。他们一起在德国的乡野间散步,讨论数学。第二次世界大战之后,联邦德国西部有大量美军基地和驻扎营地,那里是同盟国解放的区域。两位数学家沉浸在热烈的讨论中,不小心走入了美军的基地。基地门口的门卫愤怒地追赶他们,叫他们停下来。"你们在干什么?"他问。"我们在说话。"角谷回答。"说什么呢?"门卫大喊。"我们在讨论定理。"角谷回答。"什么定理?"门卫又问。"这不重要,"角谷说,"已经被推翻了。"①

我排着队,等待登上空中客机 A319 执飞的航班 PG933。我闭上眼睛,意识到 K - 127 石碑雕刻的年份 683 也是一个质数。说不上来是怎么知道的,可能是一种直觉吧。坐上飞机后,我在脑子里做了几个复杂的计算(我没带计算器,连笔和纸都没有,所以都是在脑子里算的),证实了 683 是一个质数。这个项目的所有因素都和数学有着超乎寻常的关联。我希望现阶段的任务也能成功,而意识到 683 是质数这件事让我觉得这是一个好的兆头。

卡塞尔曼在我离开曼谷前发给我的邮件中表达过他的怀疑。就他所知,柬埔寨是一个腐败猖狂的国家,尤其在官员中。他认为,我可能不会有任何收获。我跟他说了我在老挝的遭遇,并告诉他,对于一切将会发生的事情,我都已经做好了准备。在飞机上,坐我旁边的女士是一位加拿大人,她在金边的一个国际组织工作,这个国际组织主要致力于为在街上游荡的女孩们谋求更高薪的职位。这可能就是尼古拉斯·克里斯托夫把他救下的那两个女孩送去的地方。这位加拿大人告诉我,她的邻居因为签证过期被政府官员勒索了好几百美金,不然就会被遣返。有人曾经问过我,是否愿意贿赂官方来救出 K - 127,我坚决地拒绝了。另外,我对这次旅程的政府联系人哈布·图其阁下颇有好感。

---

① 笔者从另一位知名数学家和角谷静夫的朋友——雅诺斯·阿克泽尔(与笔者并无亲缘关系,阿克泽尔是常见的匈牙利姓氏)——那儿了解到了这个故事。

第二十五章

■
■
■
■

我从洲际酒店致电哈布·图其先生,从电话中,我就觉得我在和一位非常谦逊的人打交道。他说,他到了会给我打电话。我说:"不用了,让我在楼下等你吧。"但他不同意:"不,不,你在你房间好好休息,我到了就打电话给你。"

我们约好晚上六点半见面,所以我有半天的空闲。我坐在房间里,从饭店九楼眺望窗外。金边和曼谷有着显著的差异。作为泰国首都的曼谷,每一栋楼都光鲜亮丽,楼房被漆成白色或淡蓝色,就好像刚建成的模样。窗上从来看不到水渍,马路上也干净到可以赤脚走路,每个人都面带微笑。泰国是一个丰饶的国家,旅游业是这个国家的主要经济来源。在这里,游客会被奉为尊贵的客人。泰国人对他们的皇室家族敬仰和崇拜,在许多公共场所都可以看到皇室的画像。

从曼谷到金边是从一个丰饶国家到一个待开发的国家的巨大反差。但这一切不应该是这样的,柬埔寨值得更好的。我从饭店窗外望去,尽是单调乏味的街景,最主要的色调不是明净的白色而是泛暗的黄色和橘色。透过不知是雾还是被污染的空气——焚烧田里麦秸和垃圾的刺鼻烟味萦绕不绝,整座城市看上去有些失焦。到我们碰面前,我还有几个小时可以消磨,我打车去了河边。那里是小洞里萨湖,从暹粒的洞里萨湖一直流向金边的湄公河与其汇合。城市的中心地区都在这两条湖边。大皇宫就在那里,现在还在进行对去世国王的哀悼。

我在著名的FCC酒吧驻足,酒吧位于靠湖的一栋大楼的二楼。FCC是外国记者俱乐部(Foreign Correspondent Club)的缩写。我点了一杯热带饮料,向湖而坐。街上到处都是摩托车、自行车和无处不在的突突车。突突车司机们有着好眼力,时刻在路上寻找为数不多来这里拜访的外国人。我随处走走,没过几分钟就要跟司机示意:不,我不要搭突突车。大皇宫广场开放着,但因为国王的丧事,不能到皇宫内部参观。我走了一圈,便回酒店等待今晚的客人。

我们约好晚上六点半见。六点十五分的时候,我就接到前台的电话:阁下已经在楼下等我了。我匆忙下楼,看到他身边没有任何司机或保镖跟着,我有些惊讶。在我眼前,是一位中等身材、深色头发的男人,他的脸和柬埔寨国家博物馆展出的那张照片上一样,依然年轻充满活力。"我们就在酒店吃饭吧,"他说,"我觉得这样是最方便的。"我们走到酒店的餐馆,几分钟前刚刚开门。今天晚饭供应的是亚洲和西方菜肴结合的自助餐。对我们俩来说,再合适不过了,我们走到餐桌前坐下,开始点餐。

我们开始聊了起来,聊博物馆、聊艺术。他告诉我,他经常和雕像打交道,以至于他可以辨认出博物馆购买的雕像是真品还是赝品。"就是一种感觉,第六感,"他说,"这其中没什么科学道理,你看一眼雕像,觉得哪里好像有点不对,这就是第六感。"这很有意思:有人对于一个数字是不是质数很敏锐,有人对于艺术品的真假很敏锐。一个数字或艺术品的外观,或者对于警察而言的犯罪嫌疑人的行为,都是人们辨识的根据。我们好像对于现实有着超乎常人的感官;可能我们就是靠着这种感官来发明数字的。他给我讲述了他的人生故事。"小的时候我非常穷,每天都饿肚子,也没有地方住,"他说,"十一岁以前,我都没有上过学。"

听到他的遭遇,我很难过。"在我十一岁终于被允许去上学的时候,我比班上一年级的学生都要大。我刻苦学习,成了学校里的尖子生,后来拿到了去波兰一所大学的奖学金。"

他去波兰的时候,还是一个小男孩,身上只有80美元。"这对我们来说其实是一笔大数目了，一家人打工攒了好几个月，才有这么多。但是我在买冬天大衣的时候，把钱都花了。波兰实在太冷了。从小在柬埔寨长大，根本不知道冷是什么。"后来靠着奖学金的钱，他每天没日没夜地学习波兰语，同时还在大学修博物馆保护和艺术的课程。他学会了如何鉴赏艺术，如何准备艺术品在博物馆的展出，如何策展并且准备展品，还有如何完成博物馆的行政管理工作。大学毕业后，他又继续完成了研究生学业。回柬埔寨前，他在一所波兰大学做了两年的讲师。那时，他的波兰语相当流利，可惜如今在柬埔寨无用武之地。

回到金边后，哈布·图其阁下开始在柬埔寨国家博物馆工作，并一直晋升至馆长。之后，他收到文化艺术部的邀约，前往担任文化事务办公室总负责人。"我非常热爱我的工作，"他说，"柬埔寨超过四万座的全部古寺庙都是由我负责，这还不包括在这里发现的其他各式各样的雕像和碑文。"就在这个时候，他的手机响了。"我一定要接一下，"他说，"是文化部部长打来的。"

他挂断电话后，我注意到他用的是安卓手机。"是的，"他说，"我喜欢这些玩意儿。有新的型号出来的时候，我一定会买来玩。你看，我年幼的时候没有一个玩具。在我小时候，要做一个无忧无虑的快乐小孩是很难的一件事，你有饭吃、有地方睡就已经很幸运了。现在作为补偿，我经常买些玩具来玩……"

"嗯，"我说，"我是为了一个碑文来的，一个 7 世纪的碑文。"我打开电脑，给他看我两个多月前拍的 K－127 的照片。我向他解释了这个碑文对于数学史和整个历史的重要性。"这是我们现在已知的最早的零，"我说，"除去玛雅文化图像字符中的零以外，因为那个零与现在使用的数字无关。我们大概推断在这个碑文刻下前不久，'零'才刚刚被发明，这是零在历史上第一次的登场。"他好像对我说的很感兴趣。我继续说道："对我来说，K－127 就像罗塞塔石碑一样重要，甚至比它还重要。"

哈布先生想了想，说："这块碑肯定属于我们博物馆。"

"是的，"我说，"这就是我为什么要来找你的原因。当然，我还要谢谢你帮助我找到它。我认为，K－127 应该在柬埔寨国家博物馆展出，我甚至想好了要把它放在博物馆的哪里……"

我打开了随身携带的一本书，是我在博物馆买的一本导览。在里面，我找到了一页表格解释博物馆中的各式展品。"我觉得它应该在这里展出，"我边说边指着博物馆东北角的一间展厅，"这里是你们现在陈放 7 世纪前吴哥雕像和碑文的地方，我觉得放在这里很合适。"

"很好，"他说，"那可以请你为这个碑文写一篇介绍文吗？ 详细地介绍一下这块碑文的重要性，方便展览的时候用。剩下的我会安排好的。"

我简直太高兴了。"谢谢，谢谢。这就是我想要的结果。明后天我会把这篇介绍词寄给你。"我们继续在轻松愉快的气氛下谈话。"乔治·赛代斯认为你们的吴哥文化和前吴哥文化都被'印度化'了，但我不确定这种说法到底对不对。"我说，"对我来说，认为东南亚的文化被印度化了，就像是在说美国的文化被德国化了一样。赛代斯认为，只要敬拜印度教神、有佛祖、使用梵文，就是被印度化的结果。但在美国，我们使用的英文里有一些单词也是从德语中来的，在圣诞节的时候也有圣诞老人，为什么人们就不说美国的文化是被德国化了的呢？ 既然如此，为什么你们的文化就要被认为是印度化的结果呢？ 还有，"我说，"K‑127 是用古高棉文写的，不是梵文。"

"是这样的，"他回答道，"古高棉语来源于梵文，另外不要忘了许多你在吴哥窟看到的艺术作品的主题都源自印度史诗《罗摩衍那》和《摩诃婆罗多》，譬如著名的'搅拌乳海'。我们的文化主要受印度的影响，这个地区的另一个强大国家——中国对我们的影响相对小些。"

"中国人称柬埔寨为'扶南'，是吗？"

"是，但这只是根据当时中文文献的记载。有人认为，柬埔寨曾经是真腊国的一部分，国中最重要的地区被叫做水真腊，因为水对我们来说至关重要。你看，哪里有水源，哪里就有文明的发展。"

"你是指巴莱湖?"我问。

"巴莱湖还有其他的水源。"他说。

"无垠之海?"我说。

"是的，无垠之海。"我希望可以找出零是高棉人的发明的证据。但作为他们本国历史和艺术文化的专家，哈布先生认为高棉文化的发展的确受到印度的影响。"你看，"他继续说道，"一直到 K‑127 时期之后，也就是吴哥窟时期，柬埔寨的艺术风格才变得成熟、有特色。在此之前，一共只有四种或五种不同的艺术形式。但在艺术领域异常活跃多产的吴哥时期，可能是因为国王急切地想要形成属于自己的文化风格，你才慢慢可以看到各式各样的艺术和建筑风格，这些风格才是完全属于柬埔寨的，先前的时期则不是。"这个说法对我来说很是新奇。

"当然，这些风格仍然受到早先风格的影响，"他说，"部长刚才打电话来跟我说的，就是一个五十多年前发现的遗址，我们明天早上要去实地考察。我五点多就得起床，去那里要开很久的车。最近从这个遗址中挖掘出很多重要的文物，可以追溯到公元前 4000 年。"

"太神奇了，"我说，"你们的文化从新石器时代就开始了。"

"是的。在那里发现的主要都是很有趣的石头工具，它们显示出了文明的高度发展。我们的文明的确很古老。"我又问了他之后的时期。他说："在柬埔寨，如果你按照寺庙群来计算的话，大约有四千多个寺庙群。如果按照单个寺庙来计算的话，那就有上万座。许多你在柬埔寨看到的寺庙都建于公元前几世纪，因为那是印度教和佛教传到柬埔寨的时间，这两个宗教都起源于印度。公元 7 世纪是很重要的一个时间点，那是三坡布雷卡和湄公三坡寺庙建造的时间。或许零的诞生和那时大量宗教建筑的兴起有关。"我很高兴听到他这样说，看来他和我想的一样，也认为东方数字（包括零）的发明，与宗教有关。

"所以这样的文明一直持续着吗？"我问。

"是的，"他说，"我们的文明没有中断过。不同的国王在不同的城市定都，尽管地点一直在变，可总是选择水源充沛的地方。一直到 9 世纪，吴哥成为首都。然后从吴哥时代开始，这里就一直有人居住，经历了后吴哥时代直至今日。吴哥经历了一些重要的王朝，譬如阇耶跋摩七世。"

听到这里，我有些惊讶，我一直以为是昂利·慕奥在 19 世纪的丛林中发现了吴哥。"所以说慕奥并没有发现任何东西？"

"当然没有，"他笑了笑，"这是西方人的迷思。就像你跟我说的关于零的故事一样。人们认为数字是西方人发明的，一直到赛代斯用 K－127 证明他们的想法是错的。吴哥地区一直有人居住，事实上，人们在这里生活了将近一百年。慕奥只是来到了这里，看到了吴哥窟。他注意到了这座寺庙的一部分被一些植被所覆盖,就是你看到的那张著名的大树根基穿越古建筑的照片,但其实吴哥窟附近一直有人居住,并且依旧在寺庙里敬拜。你知道的,这里一直是敬拜佛祖的地方。"

"太不可思议了。"我说。

"好了,我明天得早起,我要先走了。"我们互相道别,我一直送他到酒店门口。"不用了,"他说,"我知道怎么走。祝你旅途一切顺利,如果你需要什么,尽管跟我说。"我真心地向他道谢,并且承诺很快会寄给他关于K-127的叙述稿。

第二天,我花了一天的时间待在饭店房间里写K-127的博物馆展览介绍文。以下是全文:

碑文K-127

20世纪20年代出土于大庞布雷湄公三坡遗址

7世纪,前吴哥时期。

原文为古高棉文,于1931年由乔治·赛代斯翻译为法语并发表。

碑文中刻有已知最早的零。

为什么零这么重要? 零代表空、无的意思,它不仅让数字计算更加便捷,还在十进制数字系统中充当占位符的角色,让相同的十个数字可以通过数位的不同来表达不同的数字,是我们现代高效数字系统的功臣。在欧洲,直到中世纪后期,都一直使用罗马数字系统。在这个数字系统中,数字用拉丁字母表示(I是1、X是10、L是50、C是100、M是1 000)。如果想要写数字3 373,就必须要重复使用所有的这些字母,用MMMCCCLXXXIII来表示。在我们现代的数字系统中,只需要在三个不同的数位上用3来表示即可,在表达上相当省事。在罗马数字系统中,不同的数位不能用相同的字母。正是因为零的存在,才让现代数字系统变得如此便捷、强大。譬如,如果5在个位上,那么它就是数字5;如果5在十位上,那么它就是数字50。这些都得益于零占位符的功能。同样的,数字505之所以可以这样简单地表示出来,是因为十位上有零。比罗马数字系统还要早大约两百年的巴比伦数字系统是六十进制,这个系统中没有零,因此62和3 602(3 600是

60 的二次方）需要根据语境来判断。我们的数字系统因为使用了十进制和零，相较于古罗马、古埃及和古巴比伦的数字系统都方便快捷得多。也正是因为有了零，更强大的数学计算成为可能；因为有了零，才能定义所有的负数，更不用提现代的电脑设备（或是手机、导航、所有的电子设备）都是用一连串 0 和 1 来控制的。很显然，零的发明是人类最伟大的成就之一。

那么，是谁发明了零？

这个古高棉文的碑文中刻着已知的最早的零。它的开头是这样的：

"caka parigraha 605 pankami roc."

翻译过来就是：

在残月的第五日，萨卡历来到了第 605 年。

这个 605 中的零是我们发现的最早的零。

以下是古高棉数字 605，中间的一点就是零——最古老的零（就我们现在已知的信息来说）。萨卡时代从公元 78 年开始，所以这个碑文刻于公元 683 年。

这块石碑有着显赫的历史地位。一直到 20 世纪 30 年代，许多西方学者还认为在我们十进制系统中起到关键作用的零是由阿拉伯人或欧洲人发明的。当时发现的最早的零在印度，在瓜里尔的查图尔布吉哈寺庙（Chatur Bujha）中。这个零可以追溯到公元 9 世纪中期。那个年代和阿拉伯哈里发时代重合，因此无法判断零到底是起源于欧洲还是阿拉伯地区。乔治·赛代斯于 1931 年发表的论文推翻了这一说法，他认为零起源于东方，且可能是柬埔寨人的发明。赛代斯发现的零比瓜里尔的零要早了整整两个世纪。他同时发表了另一篇文章，注意到了有一个比柬埔寨的零晚了一年的零（公元 684 年），它在印度尼西亚的巨港被发现。

一直以来，碑文 K-127 被存放在博物馆，1969 年 11 月 22 日被移交到暹粒的吴哥保护中心。20 世纪 90 年代，有将近上万件的文物被盗窃和损坏，K-127 也不知去向。2013 年 1 月 2 日，这块碑文再次由波士顿大学阿米尔·阿克泽尔教授于吴哥保护中心的文物棚里被发现。他将碑文的去向告知了哈布·图其阁下，并获得允许再次在博物馆展出。

参考文献：

1. Cœdès，George，"A propos de l'origine des chiffres arabes，" *Bulletin of the School of Oriental Studies*，*University of London*，Vol. 6，No. 2,1931，pp. 323 – 328.

2. Diller，Anthony，"New Zeros and Old Khmer，" *The Mon-Khmer Studies Journal*，Vol. 25，1996，pp. 125 – 132.

3. Ifrah，Georges. *The Universal History of Numbers*. New York：Wiley.

完成后，我把文章寄给了哈布·图其先生，等待他的回复。

第二十六章

之前几章,我一直在强调零在数字系统中作为占位符的重要性。因为有了零,才得以方便地表示十位上没有数字或百位上没有数字这样的概念,也让我们的十个数字得以反复使用。那么零作为数字,有着怎样的重要性呢?

尽管有过几本介绍零这个概念的书,但他们说得都比较浅显,其中的一些解释应当再展开来具体讲解。我坐在金边机场的休息室里,等待回曼谷的班机。回想起数字零的丰富历史,我总是坚信零这个概念只可能从东方的思维模式中诞生(并且同时在玛雅文化中独立产生)。

与此同时,我还在思考无穷这个概念,它在东方思维中很常见。譬如,"无垠之海"、阿南塔海蛇王、永恒以及其他无数超越简单的一、二、三的概念。然而,东方的零和无穷等概念真正得到发展和研究是在西方,或者说,在东西方同时进行(有理数、无理数和复数等概念在 15—19 世纪期间被西方人系统地研究过)。

我们可以从空集开始定义零,然后再通过集合之间的关系来定义之后的数字。数字 1 是只包含空集的集合,数字 2 就是包含两个不相同元素的集合——空集和包含空集的集合,以此类推。当然,用集合来定义数字是一个很复杂的方法。事实上,数字的发展有着它自己的轨迹。

几千年前,古巴比伦人和古埃及人就已经学会了给物品标上数字,以此通过各种数量的物品组合来表达数字的概念。或许在文明之初,人类最伟大的发现就是有人意识到地上的三块石头、草原上的三头牛、走在路上的三个人或是三束麦穗、三座金字塔、三头羊、三个小孩都有着一个共性,即数量三。同样的,四也是拥有着数量四的各种物品的共同点。数字就这样慢慢地发展了起来。从相同数量的不同物品中发现它们的共性,无论在过去还是现在,都是极有影响力的认知。

慢慢地,古人类开始在他们的语言中发展出了代表数字的单词。事实上,在印度以及其他受印度文化影响的东南亚国家中,有些特殊的单词是专门用来表达广泛被认同的数字的,而这些单词就渐渐地成为数字的代名词。譬如,赛代斯在他 1931 年的论文中写道(原文为法语,由作者翻译成英语):"萨卡年代,国王的年份是用以下这三个词来表示的:味道、感官和吠陀。"

在文中,赛代斯解释说,食物一共有六种味道,感官一共有五种,另外有四本《吠陀》(四本不同的印度教经典)。所以,味道、感官和吠陀表示数字 654。这种表示方法在柬埔寨、印度和其他东南亚国家都相当普遍。

接着,赛代斯又给出了另一个例子。这段碑文于 1923 年在一个叫狄娜雅(Dinaya)的地方被发现。碑文中的年份"682"是用"味道、瓦苏和眼睛"来表示的。他注意到味道代表 6,瓦苏代表 8(毗湿奴身边有八个神灵),而眼睛代表 2,因为每人有两只眼睛。

但是赛代斯也注意到了这个方法会产生的问题。在不同地区的不同时间,人们对于什么名词代表什么数字有着不同的见解,有时候可能会产生歧义。[①] 这个问题就和我们使用音标字母一样。

在电话中,有时候对方会要求我拼出我的名字,如果对方的英文不是很流利,或者通话状况不理想的话,我就会用音标字母。我会说:"阿克泽尔(Aczel),

---

① George Cœdès, "A propos de l'origine des chiffres arabes," *Bulletin of the School of Oriental Studies* (University of London) 6, no. 2 (1931): 326.

A 是 Apple(苹果)的 A,C 是 Charlie(查理)的 C,Z 是 Zebra(斑马)的 Z,E 是 Europe(欧洲)的 E,L 是 Larry(拉瑞)的 L。"我之所以用这些单词,是因为这些单词,是我第一时间能想到的,通常我会重复几遍确保拼写无误。

当然我的用法几乎是错误的。北约音标字母是以下这 26 个单词:Alfa(阿尔法)、Bravo(棒极了)、Charlie(查理)、Delta(三角洲)、Echo(回声)、Foxtrot(狐步舞)、Golf(高尔夫)、Hotel(酒店)、India(印度)、Juliet(朱丽叶)、Kilo(千克)、Lima(利马)、Mike(迈克)、November(十一月)、Oscar(奥斯卡)、Papa(爸爸)、Quebec(魁北克)、Romeo(罗密欧)、Sierra(峋)、Tango(探戈舞)、Uniform(制服)、Victor(维克多)、Whiskey(威士忌)、X-ray(X 光)、Yankee(扬基)和 Zulu(祖鲁)。但是这些单词又有谁记得呢?

同样,在东方使用了几千年的数字系统中,人们用单词来代替数字,譬如吠陀代表四、味道代表六等等。很显然,这一方法无法被广泛使用,这也就是为什么需要发明数字符号。

根据赛代斯的叙述,古高棉数字系统并非十进制。其实,现代高棉数字也不是十进制,而是五进制或二十进制。高棉人像法国人一样用二十的倍数来数数,但法国人只用了一次,即八十以四个二十表达(八十之后的数字也在这个基础上相加,譬如九十九是四个二十加十九)。而高棉人使用得更多,这些二十进制的痕迹可能是因为我们有十根手指和十根脚趾的原因。玛雅数字系统也是如此,几乎是以二十进制为主(除了在一些历法计算时使用十八进制)。

赛代斯进一步解释说,古代高棉人只用以下数字:1、2、3、4、5、10、20 还有几个 20 的倍数。他们对数字的理解也仅限于这些数字。从某一时刻起,他们开始借用梵文中的 100(Chata),他们用这几个数字来表达所有的数字信息。[①] 之后,他们的数字系统慢慢得到发展,零的发明也是在这之后的事(要么是从印度或其他地方引入的),碑文 K-127 可以证明这一点。

我意识到手指和脚趾的重要性,如果不是十根手指或脚趾的话,我们或许会

---

① George Cœdès, "A propos de l'origine des chiffres arabes," *Bulletin of the School of Oriental Studies* (University of London) 6, no. 2 (1931):327.

用另一种方式来看待数字。如果有一天,我们遇到的外星人只有两根手指和两根脚趾,那么他们的数字系统很有可能会是二进制的。和我们相比,他们可以更直接地跟他们的计算机交流:因为想要掌握计算机语言,我们的数字都必须从十进制转换成二进制。

当然从另一方面说,如果他们是每只手各两根手指,每只脚各两根脚趾,那么他们的数字系统也有可能是八进制的。这些都是有趣的猜想,让在曼谷焦急等待碑文 K-127 的命运和哈布·图其先生回复的我得以放松一下。

在法国结束对中南半岛的殖民统治的几年后,乔治·赛代斯回到了他的祖国法国。这些曾被殖民的国家为许多问题困扰,包括民主、议会、君主制和社会主义。在巴黎,赛代斯得到了一个颇有声誉的学术工作,继续不断地发表着关于东南亚的论文和书籍。他得到了许多荣誉,其中包括了泰国的白象勋章和法国的荣誉军团勋章。1969 年 10 月,赛代斯在巴黎逝世。一个月后,K-127 被移送到吴哥保护中心。赛代斯的几个子女中的一位是柬埔寨舰队的上将。由着海的关系,让我对这位伟大的学者多了一份亲切。

第二十七章

2013 年 4 月 9 日，我终于收到了翘首期盼的邮件。

亲爱的阿米尔教授，

很抱歉没能及时回复你的邮件。能在金边和你见面是我的荣幸，我很高兴听到关于零的历史。谢谢你写的介绍高棉零的研究论文，现在这个零是全球发现的最古老的零了。我把这个好消息带给了我的同事们，并且希望这块碑文能够在金边的国家博物馆展出。期待下次与你的会面，在你的研究过程中，如果有什么我能帮上忙的，请尽管开口。

祝安，
图其

寄自雅虎邮件　安卓

我欣喜若狂，简直不敢相信胜利的曙光就在眼前。我的漫漫征途是不是临近尾声了？哈布·图其阁下之后的几封邮件彻底消除了我的怀疑，我盼望的结果就要成真了。根据哈布阁下的安排，

K-127将会离开罗瑞拉·贝雷格里诺那儿,转交到金边的柬埔寨国家博物馆,那里曾是它的家,未来也会是。从现在开始,无论是学者、数学家、科学历史学家还是柬埔寨以及各地民众,都有机会一睹世界第一零的风采。这块石碑上的零改变了我们对于历史的看法,它实实在在地证实了零的起源是东方。

我和黛布拉再次在曼谷碰头,一周后,我们一起飞去了巴黎。途中,我们在巴林转机。在下一班飞机起飞之前,我们有七个小时的中转时间。我们之前去过阿联酋,所以想入境巴林,看看这个海湾国家是什么样的。入境前,我们想在机场的餐厅先吃点晚餐。餐厅里没有人,一个服务生过来为我们点了菜,我们聊了起来。"我们想进城看看。"黛布拉说。"不要!"是他的回答。

他回来给我们端了一盘鹰嘴豆泥和塔博勒色拉,我问他为什么不建议我们去。他清了清嗓子,用头做了一个很奇怪的动作。很显然,他在告诉我们什么,但我们没看懂。他走了以后,我注意到离我们几桌远的地方有一名顾客一个人在吃饭,不停地往我们的方向看。他戴着深色眼镜,穿着警察制服,制服上的徽章显示他是一个高阶位的警察。

在那位警察的眼皮底下,我们默默地吃完了饭。终于,他走了,那位服务生也回来了。"这是我们的警察长,"他说,"所以我不敢说话。"我们告诉他我们懂。"这个国家是由警察管事的,"服务生继续说道,"他们有各式各样的人权问题……如果是我的话,我不会进城。"因为剩下的时间也不多了,所以我们决定在机场待着,加入正在不耐烦地等待登机的人群,等待的队伍中有穿着白袍、戴着头巾的男人和被黑袍、面纱包裹的女人。

我买了一份《国际先驱论坛报》,在某一版上我读到了这样一条新闻:尼古拉斯·克里斯托夫在进入巴林后被驱逐回迪拜。原因是他曾经在《纽约时报》上报导过巴林政府镇压人民的新闻。"可能我们不去是对的。"我跟黛布拉说。接着,我们就登上了飞机前往巴黎。

在巴黎左岸的一间小饭店里,我上网在《赫芬顿邮报》发表了一篇关于重新找回K-127的小文章。几个小时后文章就发表了。我把链接发给了哈布·图其阁下,他回复说很高兴让大家知道"高棉零"。"让大家都讨论起来吧!"他写道。

柬埔寨可以从展示和讲解他们的文物中获益。哈布·图其阁下始终致力于要回被他国抢夺的雕像。《国际先驱论坛报》曾经报导过纽约大都会艺术博物馆已经答应会将其中的两座雕像归还,世界上其他的博物馆也在考虑跟进。我知道这一切都是哈布·图其与这些博物馆协商后的功劳。我很高兴我的研究能在这个庞大的计划中贡献绵薄之力。

黛布拉要回到波士顿,而我会在法国多待几天,因为在这个冒险结束前,我还有最后一件事情要做。在陪黛布拉值机后,我走到了戴高乐机场的 2 号航站楼,登上了前往法国南部的航班。

第二十八章

到达法国西南城市图鲁斯后,我走到租车柜台取我租的阿尔法·罗密欧的车钥匙。接着,我开车前往南方的比利牛斯山脉。

在陡峭的山路中开这部车是再合适不过的了,在前往山顶的路上的每一次急转弯都让人兴奋。经过两个小时的山路,我终于开到了山顶,树木都在我脚底下。山顶上是另一个独立的国家——安道尔共和国。在海拔三千米的地方,我享用了一杯浓咖啡,从山顶上俯瞰让人振奋的壮观景致。随后,我开车下山,重新进入法国境内,两个弯后,我来到了此行的目的地。

我在一栋高山小木屋的门口停了下来,门口的装饰是奥地利的阿尔卑斯山地带常见的那种。我敲了敲门,一个充满魅力的五十多岁的女人开了门。她穿着一条低胸蓝色长裙。"哦,他一个早上都在等你呢。"她微笑着说,"让我去叫他,洛齐!"她大声喊道。

他从楼梯上走了下来。尽管已经八十八岁高龄,他看上去依旧年轻健壮。"很高兴见到你!"他说,顺便给了我一个大大的拥抱。"时间过得好快,都快要四十多年没见面了吧?"

我笑着说:"是啊,是啊,真的是很久没见了。但我想来看看你,我找到了一个你可能感兴趣的东西。"我们在宽敞的客厅坐了下来,客厅连着开放式的阳台,从阳台上可以看到山景。我们坐着一起谈起以前出海的日子,谈论山脉、数学和数字的诞生。"1972 年,我们在船上分别的时候,你跟我说过这个名字。"我说。他看上去有些惊讶。"乔治·赛代斯,"我说,并把名字拼了出来,"他是法国考古学家,是他在亚洲发现了世界上最古老的零。"

"哦,是的,"他说,"我有些想起来了。所以他找到了,是吗?"

"但你知道的,后来又弄丢了。"我说。

"所以这东西已经不见了?"

"我重新把它找到了。"我说。

"你找到了第一个零?"他年老但依旧敏锐的眼睛里出现了一道光。

"是的,我给你看照片。"我打开了电脑,把 K - 127 的照片找出来给他看。"这是历史上最古老的零,"我说,"我花了好几年的时间才找到的。赛代斯在 1931 年第一个发表相关文章,驳斥了零是西方或阿拉伯人发明的观点。"

洛齐坐在我对面的沙发上,微笑着。"所以,我的朋友,"他说,"你找到了最古老的零。祝贺你!这是一件了不起的事。接下来你打算怎么做?"

"对于数字的来源我们还是一无所知。有人打算研究印度数字:阿育王时期的数字、娜娜高止数字和哈罗什蒂数字。这些可能都是很好的研究方向,来研究数字是否起源于阿拉米语的字母。但我想你作为数学家,对这些研究应该没什么兴趣。"

"的确没有兴趣,"他说,"但是你说的关于零的概念起源于佛教中'空'的概念,这对我来说更有意思一些。或许其他哲学家可以跟着这点继续研究。"他停了停,过了一会继续说道:"但你这次的发现很重要,我很高兴我们之前随意的一个对话能把你引向这么有意义的研究。"显然他越说越高兴,站了起来,"你做到了,你做到了,我为你感到骄傲!"他握着我的手。"我们来喝一杯吧。"他激动地叫那个女人过来,不知道是他的女友还是妻子,她为我们端来了威士忌。

她打开了一瓶俄罗斯鱼子酱,抹在了我们三个人的吐司面包上。我认出这是一瓶真正的鲟鱼子酱。它肯定值大价钱。"记得以前在船上,我们也吃过鱼子酱,"我说,"经济实力雄厚的以星航运公司,曾经一度可以用夏加尔和米罗使用的原版颜料来装饰船上的舞厅,但最后因为挥霍无度,免费提供船上各种奢侈品而破产。"

　　"你不用担心。"洛齐挺起胸膛看着我,"我们这里还有很多。"那个女人煞有其事地笑了,他走到客厅旁边的厨房,打开了一个很大的储物柜。我看到了里面还有好几瓶鲟鱼子酱。不仅如此,吧台上还有很多昂贵的酒:苏格兰威士忌、卡尔瓦多斯、杜林标、柑曼怡和清酒。我困惑地看了看他。

　　"是这样的,"他想了想后,说,"你知道法国海关离这里不远,对吧? 你应该不会错过。"我还是没有懂。"你知道安道尔是世界上最后的关税天堂吧?"我点了点头。我的脑海中好像浮现出了一些回忆。接着一阵静寂。他看了看我,说:"你知道,晚上的时候,海关那里没有人,而这栋房子在绝佳的地理位置上——"

　　"——就像我母亲的行李箱一样。"我打断了他。

　　他年迈的嘴唇上露出一丝笑容。"是的,就像你母亲的行李箱一样。"他说。

参考文献

■
　■
　　■
　　　▧

Artioli, G., V. Nociti, and I. Angelini. "Gambling with Etruscan Dice: A Tale of Numbers and Letters." *Archaeometry* 53, no. 5 (October 2011): 1031 – 1043.

Aubet, M. E. *The Phoenicians and the West*. Cambridge: Cambridge University Press, 2001.

Saint Augustine. *The City of God*. New York: The Modern Library, 2000.

Boyer, Carl B. and Uta Merrzbach. *A History of Mathematics*. 2nd ed. New York: Wiley, 1993. This is a standard scholarly source on Babylonian, Egyptian, Greek, and other early mathematics, including a description of the early Hindu numerals; it does not include the discoveries of the earliest zeros in Southeast Asia.

Briggs, Lawrence Palmer. "The Ancient Khmer Empire." *Transactions of the American Philosophical Society* (1951): 1 – 295. Information on some now-lost inscriptions with early numerals from Cambodia.

Cajori, Florian. *A History of Mathematical Notations*. Vols. 1 and 2. New York: Dover, 1993. A reissue of a superb source of information on mathematical notations; it does not include the discoveries of the earliest numerals in Southeast Asia.

Cantor, Moritz. *Vorlesungen uber Geschichte der Mathematik*. Vol. 1. Berlin, 1907.

Cœdès, George. "A propos de l'origine des chiffres arabes." *Bulletin of the School of Oriental Studies* (University of London) 6, no. 2 (1931): 323 – 328. This is the seminal paper by Cœdès, which changed the entire chronology of the evolution of our number system by reporting and analyzing the discovery, by Cœdès himself, of a Cambodian zero two centuries older than the accepted knowledge at that time.

Cœdès, George. *The Indianized States of Southeast Asia*. Hilo: University of Hawaii Press, 1996. A comprehensive, authoritative source on the history of Southeast Asia with references to the author's work on discovering the earliest numerals.

Cunningham, Alexander. "Four Reports Made During the Years 1862 – 1865." *Archaeological Survey of India* 2 (1871): 434.

Dehejia, Vidaya. *Early Buddhist Rock Temples*. Ithaca: Cornell University Press, 1972. An excellent description of Buddhist rock and cave inscriptions, including very early numerals.

Diller, Anthony. "New Zeros and Old Khmer." *Mon-Khmer Studies Journal* 25 (1996): 125 – 132. A recent source on early zeros in Cambodia dated to the seventh century.

Durham, John W. "The Introduction of 'Arabic' Numerals in European Accounting." *Accounting Historians Journal* 19 (December 1992): 25 – 55.

Emch, Gerard, et al., eds. *Contributions to the History of Indian Mathematics*. New Delhi: Hindustan Books, 2005.

Escofier, Jean-Pierre. *Galois Theory*. Translated by Leila Schneps. New York: Springer Verlag, 2001.

Gupta, R. C. "Who Invented the Zero?" *Ganita Bharati* 17 (1995): 45 – 61. Hayashi, Takao. *The Bakhshali Manuscript: An Ancient Indian Mathematical Treatise*. Groningen: Egbert Forsten, 1995.

Hayashi, Takao. *Indo no sugaku* [Mathematics in India]. Tokyo: Chuo koron she, 1993.

Heath, Thomas. *A History of Greek Mathematics*, Vol. 1. New York: Dover, 1981.

Ifrah, Georges. *The Universal History of Numbers*. New York: Wiley, 2000. This is a well-recognized, comprehensive work on the history of numbers and is much quoted. It is, however, neither very scholarly nor based on original research. The fact that it receives continuing attention only points to the need for a very serious and deep analysis of this crucial step in humanity's intellectual history.

Jain, L. C. *The Tao of Jaina Sciences*. New Delhi: Arihant, 1992.

Kanigel, Robert. *The Man Who Knew Infinity: A Life of the Genius Ramanujan*. 5th ed. New York: Washington Square Press, 1991.

Kaplan, Robert, and Ellen Kaplan. *The Nothing that Is: A Natural History of Zero*. New York: Oxford University Press, 2000. A good source on the mathematical idea of zero with some information on the development of the symbol, but not including the earliest appearances of this key symbol.

Karpinsky, Louis C. "The Hindu-Arabic Numerals." *Science* 35, no. 912 (June 21, 1912): 969 – 970.

Kaye, G. R. "Notes on Indian Mathematics: Arithmetical Notation." JASB, 1907.

Kaye, G. R. "Indian Mathematics." *Isis* 2, no. 2 (September 1919): 326 – 356. Kaye's now-notorious manuscript discrediting Indian priority over the invention of numerals.

Keay, John. *India: A History*. New York: Grove Press, 2000. An excellent general history of India.

Keyser, Paul. "The Origin of the Latin Numerals from 1 to 1000." *American Journal of Archaeology* 92 (October 1988): 529 – 546.

Lal, Kanwon. *Immortal Khajuraho*. New York: Castle Books, 1967. A general description of the temples of Khajuraho.

Lansing, Stephen. "The Indianization of Bali." *Journal of Southeast Asian Studies* (1983): 409 – 421. Includes a description of number-related discoveries in Indonesia.

Mann, Charles C. *1491: New Revelations of the Americas Before Columbus*. New York: Knopf, 2005. Good description of the Mayan numerals and zero glyph.

McLeish, John. *The Story of Numbers*. New York: Fawcett Colombine, 1991.

Nagarjuna. *The Fundamental Wisdom of the Middle Way*. Translated by Jay L. Garfield. New York: Oxford University Press, 1995.

Neugebauer, Otto. *The Exact Sciences in Antiquity*. Princeton, NJ: Princeton University Press, 1952.

Nhat Hanh, Thich. *The Heart of the Buddha's Teaching*. New York: Broadway, 1999.

Nicholson, Louise. *India*. Washington, DC: National Geographic, 2014.

Pich Keo, *Khmer Art in Stone*. 5th ed. Phnom Penh: National Museum of Cambodia, 2004.

Plofker, Kim. *Mathematics in India*. Princeton, NJ: Princeton University Press, 2009. An excellent comprehensive source on the general developments in mathematics in India since antiquity.

Priest, Graham. "The Logic of the *Catuskoti*." *Comparative Philosophy* 1, no. 2 (2010): 24 – 54.

Raju, C. K. "Probability in India." In *Philosophy of Statistics*, edited by Dov Gabbay, Paul Thagard, and John Woods, 1175 – 1195. San Diego: North Holland, 2011.

Robson, Eleanor. "Neither Sherlock Holmes nor Babylon: A Reassessment of Plimpton 322." *Historia Mathematica* 28 (2001): 167 – 206.

Robson, Eleanor. "Words and Pictures: New Light on Plimpton 322." *Journal of the American Mathematical Association* 109 (February 2002): 105 – 120.

Smith, David Eugene. *History of Mathematics, volume 2: Special Topics in Elementary Mathematics*. Boston: Ginn and Company, 1925.

Smith, David Eugene, and Louis Charles Karpinski. *The Hindu-Arabic Numerals*. Boston: Gin and Company, 1911.

Ta-kuan, Chou. "Recollections of the Customs of Cambodia." Translated into French by Paul Pelliot, in *Bulletin de l' école Française d' Extrême- Orient*, No. 1 (123), (1902): 137 – 177. Reprinted in English in Mirsky,

Jeannette, ed. *The Great Chinese Travelers*. Chicago: University of Chicago Press, 1974.

Tillemans, T. "Is Buddhist Logic Non-Classical or Deviant?" In *Scripture*, *Logic*, *Language: Essays on Dharmakirti and his Tibetan Successors*. Boston: Wisdom Publications, 1999.

Wolters, O. W. "North-West Cambodia in the Seventh Century." *Bulletin of the School of Oriental and African Studies* (University of London) 37, no. 2 (1974): 355 – 384.

Zegarelli, Mark. *Logic for Dummies*. New York: Wiley, 2007.